U0204610

电力建设工程质量风险预控指导手册

（火力发电工程、输变电工程）

中国电力建设企业协会 编

中国电力出版社
CHINA ELECTRIC POWER PRESS

内 容 提 要

本书分两个部分，第一部分为火力发电工程，第二部分为输变电工程。

本书针对关键工序、重要部位和主要检验试验项目验收把关不严，管理、技术和服务（或能力）上的预控不得当，在电力建设过程中引发的各类有规律性问题的质量风险预控的重点，对产生质量风险的主要原因进行了分析，并提出了下一步质量风险预控要点。

本书可供从事火力发电、输变电建设工程的建设、设计、监理、施工、调试和生产运行等单位相关管理、技术人员使用。

图书在版编目（CIP）数据

电力建设工程质量风险预控指导手册：火力发电工程、输变电工程／中国电力建设企业协会编．—北京：中国电力出版社，2018.7

ISBN 978-7-5198-2165-4

Ⅰ．①电… Ⅱ．①中… Ⅲ．①火力发电－电力工程－工程质量－风险管理－手册②输电－电力工程－工程质量－风险管理－手册③变电所－电力工程－工程质量－风险管理－手册 Ⅳ．① TM7-62

中国版本图书馆 CIP 数据核字（2018）第 138533 号

出版发行：中国电力出版社
地　　址：北京市东城区北京站西街 19 号（邮政编码 100005）
网　　址：http://www.cepp.sgcc.com.cn
责任编辑：郑艳蓉（010-63412379）
责任校对：朱丽芳
装帧设计：王红柳
责任印制：蔺义舟

印　　刷：北京天宇星印刷厂
版　　次：2018 年 7 月第一版
印　　次：2018 年 7 月北京第一次印刷
开　　本：787 毫米 ×1092 毫米　16 开本
印　　张：13.25
印　　数：0001—2000 册
字　　数：245 千字
定　　价：68.00 元

版权专有　侵权必究

本书如有印装质量问题，我社发行部负责退换

编　委　会

主　　任	尤　京				
副 主 任	王　军	王　光			
审定委员	吕洪林	陈保钢	段喜民	魏泽黎	司广全	李　牧
	李　彬	钟儒耀	李连有	李福生	任宗栋	陈喜龙
	周明钢	胡朝友	王守民	刘永阳	谢　珉	刘文鑫
	赵利兴	汪传俭	李鹏庆	王文祥	王兴军	楼海英
	徐爱生	王新康	蔡志刚	丁联合		
编写委员	陈景山	范幼林	周德福	王黎平	骞淑玲	黄文锋
	范巧燕	戴静芬	程国钧	吴艳杰	周庆和	徐耀明
	鲁　电	唐国庆	赵大勇	秦松鹤	巩天真	廖布伟
	刘凤梅	王亚耀	周丽肖	梁丙海	张耀庆	王卫国
	张崇洋	何志春	陈海英	杜传国	李相龙	李润林
	乐嘉然	张青年	徐云泉	高　明	贾立群	徐朝霞
	陈发宇	宏　峰	林钢松	浮习新	魏国柱	李培源
	闫长增	王达峰	戴　光	潘景龙	秦绪华	李仲秋
	石玉成	肖玉桥	单　波	唐　爽	张大利	孙向东
	赵　俭	毛海岩	马振民	王海莲	李续军	苗培青
	谷　伟	魏忠平	史旭辉	杨鹏宇	刘进卓	张宏伟
	王虎强	梁敬宇	刘辰珏	李　婧	时　琨	

前 言

中国经济已由高速增长阶段转向高质量发展阶段，电力建设工程发展方式、结构优化、动力转换也应适应高质量发展趋势。习近平总书记所作的党的十九大报告指出，必须坚持质量第一、效益优先，以供给侧结构性改革为主线，推动经济发展质量变革、效率变革、动力变革，提高全要素生产率。工程质量直接关系到广大人民群众切身利益，提高工程质量、质量风险预控，是对经济发展和经济工作主线的新定位、新要求。

质量风险预控应以问题为导向，提高主观能动性。质量风险预控是确保工程质量的基础，始终贯穿于整个工程建设全过程。要提升工程质量，应从加强所有参建者的质量管理意识开始，将工程质量各项管理的方方面面，包括工程建设、设计、建筑工程施工、设备安装调试等各个环节，通过风险预控加以落实。质量风险预控应以科学态度和创新精神，加强应用基础研究，拓展实施科技项目，突出关键共性技术、前沿引领技术、现代工程技术、颠覆性技术创新，为建设高质量电力工程提供有力支撑。

质量问题与质量安全风险控制息息相关，与"风险、代价、利益"紧密相连。质量风险预控对电力工程质量安全有三大影响，一是对工程工艺质量和工程外观形象的影响，二是对工程使用功能和性能的内在影响，三是对可能发生重大质量安全事故产生的影响。

近些年来，随着电力体制的改革和火力发电工程1000MW机组、输变电特高压电网的建设飞速发展，新技术、新工艺、新流程、新装备、新材料不断涌现，科学技术水平不断进步，工厂化加工优化不断创新，电力建设质量风险预控也随之发生了根本性变化。

2017年度，中国电力建设企业协会（以下简称"中电建协"）召开电力建设质量工作会议，尤京常务副会长要求开展电力工程质量风险预控调研工作，并要求针对当前工程建设中质量问题的具体情况，从技术与管理、政策与法规等多方面进行分析，概要提出有价值的政策与建议。

由于质量管理上的疏忽和人的不良习惯，关键技术不成熟所产生的功能性障碍、性能降低，关键工序、重要部位和主要检验试验项目验收把关不严，管理、技术和服务（或能力）上的预控不得当，在电力建设过程中引发的各类有规律性问题即是质量风险预控的重点。

中电建协组织近百名专家针对火力发电工程和输变电工程进行了一年的调研工作，特别是对近5年来中电建协组织的"电力建设全过程质量控制示范工程""电力工程质量监督""质量技术咨询服务""达标投产复验""工程质量评价"等服务业务中，对质量管理、土建、安装、调试等各专业质量问题进行了总结、归纳、梳理，对产生质量风险的主要原因进行了分析，并提出了下一步质量风险预控要点。

中电建协先后组织召开五次专题会议，以火力发电工程和输变电工程国家和行业现行相关标准的条款为编写依据，特别是对涉及"关键工序、重要部位和主要检验试验项目"的质量风险预控进行了重点研讨。

本书共计两个部分。

第一部分为火力发电工程，共七章。第一章为质量管理，第二章为土建专业（输变电工程通用部分），第三章为锅炉专业，第四章为汽轮机专业，第五章为电气专业，第六章为热控专业，第七章为调整试验及生产准备。共计列出"常见质量问题"764条，提出"质量风险预控要点"675条。

第二部分为输变电工程，共四章。第八章为质量管理，第九章为变电电气安装，第十章为架空输电线路，第十一章为电缆线路工程。共计列出"常见质量问题"163条，提出"质量风险预控要点"136条。

2017年12月，中电建协在济南组织召开了终审定稿会，火力发电、输变电工程的建设、设计、监理、施工、调试等22家企业的48名专家参加了会议。

本书的宗旨是以"问题导向、善终知弊、忧患意识、防患未然"为手段，实现电力工程"高质量移交、高效益运行"，并实现工程全寿命周期"实用、安全、经济、环保、美观"。对目前电力建设全过程工程质量治理，在质量风险预控的基础上，实现工程质量不断提纯和不断提升。

　　本书可供从事火电、输变电建设工程的建设、设计、监理、施工、调试和生产运行等单位相关管理、技术人员使用。

　　本书编写过程中，得到了国网山东省电力公司、山东电力建设第一工程公司、中国电建集团核电工程公司、河北涿州京源热电有限责任公司、北京华电北燃能源有限公司的大力支持，在此一并表示衷心感谢。由于经验有限，报告或有不足，敬请批评指正。

中国电力建设企业协会

2018 年 6 月

目　录

第一部分　火力发电工程

第一章　质量管理

质量管理应从质量行为入手，找出目前电力工程质量管理方面的突出问题，分析主要原因，提出下一步控制要点。

质量管理目前存在的突出问题：

1. 人力资源问题

电力建设的无序竞争，造成参建单位技术力量薄弱，专业后备人才严重不足，是造成质量管理不力的主要因素。

建设单位多数注重项目审批和工期进度，对工程建设管理人员配备少，且多数来自于生产单位，缺乏工程管理经验，管理不到位。

监理单位监理人员多为聘用退休的施工技术及管理人员，年纪偏大且缺乏监理工作专业知识培训，导致监理的监管不力。

设计单位因项目多，设计人员短缺，且新手缺少老设计人员的传帮带，设计和现场服务处于应付。

施工、调试单位战线拉得过长，有经验的专业施工技术人员不足，甚至是身兼几个项目工作，不能满足各项目工程建设的需求。

2. 不正当竞争问题

不合理的低价中标，造成"饿死同行，累死自己，坑死业主"的现象，是工程质量大幅度下滑的主要因素。低价中标，质量成本不到位，造成工程偷工减料，这已经成为提升工程质量最突出的障碍。2017 年 5 月《人民日报》发表题为《质量应是企业立身之本》的评论，对"低价中标"提出质疑，指出企业没有利润何来质量！对"低价中标"现象与质量提升等之间的关系进行了一针见血的评述。

3. 工程分包问题

现实电力工程建设中，专业分包、劳务分包现象普遍存在，形成了工程质量的一大隐患。虽然国家明令严禁工程转包或主体工程分包，但是施工单位为了摊薄成本，大打擦边球，将一部分工程用专业分包和劳务分包的形式发包给一些小的施工队伍，在管理上以包代管或放任自流，分包队伍的管理与整个工程管理不同步，给工程带来的质量隐患堪忧。

4. 工程建设工期问题

赶工现象的存在，也是影响工程质量的重要因素之一。一些工程项目领导为了政绩，违背工程建设工期设定的合理性，盲目追求无科学论证的建设进度，这种以牺牲质量和安全为代价带来的危害也是不言而喻的。江西"11·24"项目事故就是典型的案例。

5. 质量管理意识问题

各参建单位的管理体系、机构、制度方面存在严重缺陷，质量文件审查、质量验收把关形同虚设，质量责任人签字随意，也是影响工程质量的重要因素之一。监理单位人员多为聘用的非监理专业人员，因业务素质不达标，不能有效地对工程实行质量控制。监理对工程质量要求的报审和验收审查不严或根本未审查，签字随意。建设单位则认为花钱请了监理单位对工程进行质量监管，因而从思想上放任，见有监理签字就跟随签字，不认真行使建设单位质量控制的职责。

综上所述，可以看出质量管理风险预控的主观能动性是确保工程质量的基础，始终贯穿于整个工程建设全过程。要提升工程质量，应从加强所有参建者的质量管理意识开始，通过风险预控加以落实。

2017年，国家在重视工程质量方面多次发表评论和下发文件。如2017年9月5日国务院印发了《中共中央国务院关于开展质量提升行动的指导意见》，为加强工程质量服务，提供了指导思想及行为准则，为实现十九大提出的"两个一百年"的奋斗目标奠定了质量基础。

根据电力工程建设顺序，应把质量技术管理通用部分分为工程开工条件、土建工程、设备安装、调整试验及生产运行几个阶段，对存在的问题进行具体分析，并提出相应的建议以加强质量风险预控。

第一节　工程项目开工条件

工程项目开工条件是确保工程各项管理的基础。项目核准是项目开工的先决条件，体现项目建设的合规合法化。工程招投标与合同的签署（承包商的选择和确定）预示了工程建设的质量水平；各参建单位的开工前准备工作充分程度是工程质量管理的基础。因此，对开工条件的检查至关重要。

一、　常见质量问题

（一）　建设单位

（1）工程项目开工文件不齐全。未按项目建设程序办理项目规划许可证；无初步设计的审查意见、收口文件；开工报告未经上级单位审批；未下达工程项目开工的文件。

（2）工程项目招投标文件不齐全。评标文件、中标通知书未收集，招标文件未盖章；与承包商签订的合同中责任签署不规范。

（3）建设单位质量管理人员配备不齐。包括机构、项目经理等。

（4）制定的质量管理制度不能涵盖工程建设全部，未制定项目管理人员目标责任制、工程进度管理制度、成品保护制度等。工程各项管理制度内容不完善，缺少对工程各责任主体和有关机构对质量管理体系进行审核的文件。质量管理制度只有制定，未发布实施。

（5）组织编制的《施工组织总设计》未包含绿色施工措施、成品保护措施、工程档案管理措施等内容；引用的依据性文件未采用现行有效标准、标准引用不全、标准号标注不准确等。《施工组织总设计》审查管理不规范，未组织审查或无审查及批准意见。

（6）编制的与工程相关的适用标准规范清单不全；引用的标准规范重复、版本失效，且未及时更新；甚至有些项目未编制或未审批。

（7）未制定工程建设标准强制性条文实施检查计划和措施；编制内容不完善，缺少组织机构、强制性条文清单、学习培训检查实施计划、记录等内容。

（8）未组织开工前的设计交底，设计交底和施工图纸会检纪要未分别编制；部分会检记录问题未闭环，如无设计院确认函答复及关闭信息等。

（9）普遍未编制工程中应采用的"五新"（新技术、新工艺、新流程、新装备、新材料）应用计划及措施；已编制的计划及措施缺少审核相关材料。

（10）建设单位项目负责人未签署质量终身责任承诺书。

（二）设计单位

（1）项目负责人执业资格（注册勘测设计工程师）未报审，或报审文件过期；现场工地代表派遣计划、签署设计变更单、技术洽商单的人员、工代名单未向各相关单位备案，报备工作不完善。

（2）编制施工图纸交付计划滞后；或有供图计划的，未按计划交付施工图；计划有调整未形成有效文件，未进行动态调整更新；施工图交付进度与供图计划不符，不能满足施工进度要求。

（3）开工前未进行设计交底，而是以施工图会检代替设计交底；或施工图纸设计交底不规范，交底内容不能涵盖本阶段已交付图纸的技术要求，且交底记录编写不规范；施工图会检提出问题未及时处理闭环；设计变更通知单责任签署不完备、无原件。

（4）强制性条文实施计划（含强制性条文清单）编制不规范，或未编制；编制内容不完整；设计文件中引用的标准为失效标准，普遍缺少强制性条文执行检查记录。

（三）监理单位

（1）现场监理工程师与投标承诺有差距。监理人员数量、资历与《监理规划》差距较大，监理人员资格证不"达标"现象普遍。大多聘请退休工程师，未经业务培训就上岗，对监理业务知识和工程建设标准不熟悉，未认真审核，签发文件随意。

（2）有任命的总监理工程师无注册监理工程师证、安全证或资格证书失效。

（3）检测仪器工具配置不到位或借用施工单位的，不能实行有效监督检查。未建立计量器具管理台账，计量器具配置数量不能满足监理工作需求。

（4）施工现场质量管理检查不及时或未做检查记录、对检查出的问题未及时提出整改意见。

（5）虽已确认本工程应执行的工程建设标准强制性条文，但审查不严，流于形式；强制性条文检查记录填写不规范或未形成记录。

（6）见证取样单表式不统一、内容不完整。

（7）质量验收项目划分表审查不严，各层级无见证点（W）、停工待检点（H）、旁站点（S）控制点有效标识，或对应不上。

（四）施工单位

（1）项目经理任命文件缺授权文件或无原件，有的项目经理注册建造师证、安全证已过期、更新未报审。

（2）组织机构内配置的专业人员（含质量管理人员及特殊工种人员）资质报审不完整，进场时间不明确。

（3）编制的专业施工组织设计、施工方案等文件引用标准不全或部分失效；施工组织设计审查意见未按修改意见升版。施工组织设计、专业施工组织设计编写内容空乏、不完整，存在套用现象。针对性、指导性差。

（4）专项施工方案编制不及时；已编制的未审批或未经专家论证；专业施工组织设计、施工方案内审签字不规范（代签、无日期），建设、监理责任审批用语不肯定。施工方案和作业指导书技术及安全交底记录不规范，被交底人签字不全，存在代签字现象。

（5）危险性较大的分部分项工程专项方案实施后没有组织相关人员进

行验收，验收完成后，没有在危险性较大工程所在区域设置验收标识牌、公示验收时间及责任人。

（6）施工方案和作业指导书编写内容过于标准化，没有结合单位工程、分部工程、分项工程实际情况和难点制定控制措施，可操作性差。施工技术方案（施工组织设计、措施、作业指导书）的编制依据引用标准不全、引用作废标准。

（7）未建立计量器具台账，检定证书管理不完善，有效期标注不明确。

（8）编制的专业检测试验计划与现场实际不符；编制的内容不完整，不能涵盖整个项目，且未报审。

（9）强制性条文实施计划内容缺乏针对性，不可操作。

（10）分包管理不到位或分包单位资质未报审，未经监理、建设单位审核批准。

（11）特殊工种作业人员数量不能满足施工需求，部分特殊工种作业人员上岗证已过期，更新后未及时复审，未报监理审核确认。

（12）单位工程开工报告未经监理、建设单位审核批准，审核提出的整改问题未及时整改闭环。

（13）绿色施工措施中缺少量化指标、过程检查要点、量化指标测试、记录要求等要素，检查记录缺少指标实测数值或影像资料。

（14）施工调试用的计量器具与报验资料不一致或未报验。

二、要因分析及建议

（一）要因分析

1. 建设单位

（1）缺乏有经验的工程建设管理人员，专业人员配备不到位，且多数是由生产转为基建，不熟悉基建管理程序和流程。

（2）鉴于专业人员不熟悉基建管理程序、流程，编制的工程质量管理制度不能覆盖工程建设全过程，且内容针对性差、操作性差。岗位职责考核机制不全或执行不到位，未进行有效监管。

（3）对组织工程施工组织总设计的编制重视不够，流于形式。没有把编制总设计作为整个项目建设的总体指导书来对待。

（4）对工程建设标准规范不熟悉，不能组织有效管理和检查。

（5）对"五新"应用的重要性认识不足，没有编制并落实国家提倡"五新"应用，以提高工程质量。

（6）建设单位缺乏组织设计、设备要求的交底意识。对设计及设备厂家交底和工程质量密切相关的重要性认识不足。

2. 设计单位

（1）设计任务重，设计院任命设计人员不能及时到位，有的一人兼多个项目，不能及时完成设计，出图滞后，只能疲于应付。

（2）设计单位缺乏主动进行设计交底的行为，不重视设计交底工作，未能按设计勘察规范要求将设计意图、设计特点等向建设、监理、施工单位交底。将本应该主动交底变为被动对施工、监理施工图会检提出的问题进行回复，应付设计交底。

（3）对设计强制性条文更新不及时，落实不力。

3. 监理单位

（1）监理工作由大量聘用的非监理专业人员承担，缺乏监理业务培训就上岗工作，对监理业务不熟，只能疲于应付。

（2）监理人员对质量监管缺乏责任心，审查和验收工作流于形式。

（3）项目总监身兼几个工程，不能有效地组织开展监理工作。

4. 施工单位

（1）专业技术、质量管理及特殊工种等人员紧张，不能满足施工管理需求。

（2）不重视专业施工组织设计、方案措施的编制。尤其是专业施工组织设计，项目部套用上级公司的通用版，针对性不强，不切合现场实际，形同摆设，只为应付检查。

（3）不重视技术安全交底，不能把施工方案措施有关要求切实落实到每个班组、每个施工人员，使施工存在安全质量隐患。

（4）强制性条文更新不及时，培训流于形式，执行计划与检查记录不配套。

（5）对绿色施工有关规定不熟悉，编制的绿色施工措施只是纸上谈兵，不便于操作和形成记录。

（6）工程（劳务）分包隐瞒不报，是质量安全隐患的根源之一。

（二）建议

1. 建设单位

（1）开工条件检查应以核对主标段招投标文件和合同签署为主。依据《项目负责人质量终身责任追究暂行办法》（建质〔2014〕124号）增查质量终身责任承诺书的签订。

（2）依据《建设工程勘察设计管理条例》第三十条规定，首次监检应以组织设计交底为主，图纸会审责任主体应是监理、施工单位，建议放在监理或施工单位质量管理中检查。

（3）依据《建设工程安全生产管理条例》第十四条规定，增加审查建设单位组织编制的《施工组织总设计》是否切合工程实际、引用标准是否现行或有效以及审批程序是否符合规范要求。

（4）依据 DL/T 241—2012《火电建设项目文件收集及档案整理规范》检查项目核准文件及相关合规性文件齐全、完整。

（5）参考《政府采购货物和服务招标管理办法》（财政部第87号令），增查低价中标现象。如发现中标单位的报价低于多数报价的10%，应在标书中补充报价说明。

2. 设计单位

（1）建议依据《建设工程勘察设计管理条例》增查设计项目负责人任命文件、授权书、注册证书及设计人员资格证书，并向建设单位报备。

（2）依据《建设工程勘察设计管理条例》第三十条的规定，增查设计交底情况及形成的记录。检查是否在项目开工前主动对所有参建单位进行工程勘察，设计意图、特点和设计要求的交底及做总的解释和说明。

（3）应重视设计单位（勘察设计）资质的审查。

3. 监理单位

（1）监理单位专业监理工程师与合同承诺有变化的，应报建设单位同意批准。

（2）对聘用的监理人员应加强监理业务培训。

（3）按工程开工程序，监理应对施工现场开工整体条件符合性进行核查，提出审查意见，并由总监签字。

4. 施工单位

（1）建立分包（劳务）单位审查备案制。施工分包（劳务）单位进场应报监理单位审查，建设单位备案。

（2）依据住建部《关于进一步加强危险性较大的分部分项工程安全管理的通知》（建办质〔2017〕39号）和《危险性较大的分部分项工程安全管理规定》（中华人民共和国住房和城乡建设部令第37号）的有关内容，要求施工单位编制专业施工组织设计时，增加编制重大、特殊及安全专项方案清单作为组织设计的附件。

三、 质量风险预控要点

工程开工条件的检查应以检查建设单位质量管理为主，以设计、监理、主标段施工单位项目开工前的准备工作是否具备开工的条件为检查内容。检查要点如下：

（一） 建设单位

（1）项目核准相关合规性文件的齐全性、完整性。

（2）招投标文件的签署规范性，合同内容包含质量终身制的承诺。

（3）质量管理机构和质量及相关管理人员的配备及到位情况。

（4）质量管理制度的审批和发布。

（5）施工组织总设计的审批及审查意见的落实。

（6）设计交底的组织工作。

（7）工程标准与强制性条文的检查及措施。

（8）工程开工应具备的条件文件及报上级单位下达开工的审批文件。

（9）工程采用"五新"应用文件的编制及审批，并发布。

（二）设计单位

（1）设计院指派负责项目设计的总工程师（简称设总）及现场工代的任命、资质报审及现场到位情况。

（2）设计院设计交底纪要以及图纸审查意见在施工图中的落实情况。

（3）设计强制性条文落实于施工图的情况。

（三）监理单位

（1）监理工程师资质及聘用监理工程师和管理员的培训证书，以及各专业人员的配备。

（2）监理对施工现场质量管理形成的文件及提出问题整改闭环的情况。

（3）进场工程材料、设备、构配件的质量验收及原材料见证取样的文件。

（4）对各施工单位编制的质量验收项目划分表的审批及在此基础上质量控制点的设定。

（四）施工单位

（1）质检员和特殊工种人员上岗资格、人员配置能满足工程建设需要。

（2）方案措施的编制、报审，以及安全技术交底应以方案措施为依据，内容涵盖全面，被交底人签字齐全。

（3）按专业编制检测试验计划并经审批。

（4）工程（劳务）分包报审及备案文件。

第二节　土建工程（通用部分）

因为土建工程施工工期跨度长，其桩基工程始于工程开工的第一罐混凝土之前，建筑工程交付使用要到机组整套启动时才能基本完成，所以土建工程贯穿整个火电建设，其在建设中有着重要的地位。《火电工程质量监督大纲》规定了地基处理、主厂房主体结构施工前、主厂房交付安装前、建筑工程交付使用前四个检查阶段；住建部将建筑工程划分为桩基和地基基础、屋面砌体主体结构、装饰装修、建筑设备安装 5 个部位。从质量管理的通用性考虑，将土建工程通用部分划分为 0m 以下下部结构（桩基和地基基础）、0m 以上上部结构（建筑主体）、装饰装修和建筑设备安装三大部分。

一、常见质量问题

（一）建设单位

（1）桩基工程项目招投标文件不齐全。桩基工程合同签署滞后，有先开工后签合同现象。

（2）未组织勘察设计单位对工程勘察、地质情况进行交底并形成记录；有施工图纸会检代替设计交底的情况（设计交底与图纸会检应按责任主体分工）。

（3）土建工程法律法规目录清单未编制或不规范，没有定期更新、实施动态管理。编制的法律法规目录清单存在无编、审、批人及单位和时间，未盖章，录入标准不全，版本过期，罗列与工程无关的标准等情况。有的甚至未编制土建专业标准清单。

（4）没有组织强制性条文实施情况的检查并形成相应的检查记录或记录滞后于工程进度。

（二）设计单位

（1）施工图交付存在未按合同约定和施工图出图计划交付，有施工图交付进度滞后现象。

（2）未在土建开工前进行设计交底。未将工程勘察与地质情况以及存在的风险和土建施工要求在土建工程开工前进行说明并交底。普遍存在以施工图纸会检代替设计交底。即使做了设计交底，交底人未签字，责任人不明确。

（3）施工图会检提出的问题回复不及时和不明确，图纸会检意见未落实闭环。

（4）土建专业工代到现场时间滞后于工程进度。

（5）设计变更通知责任人签署滞后或签字不全，且未原件归档。

（6）土建专业强制性条文实施执行检查没有形成记录或执行记录不完整、与现场实际不对应，普遍存在执行记录形成滞后于工程进度现象。

（7）勘察设计人员未按标准规范规定及时参加桩基工程、地基基础工程验收并签证。有的地基验槽记录验收结论意见不明确；勘察人员存在资质问题，有由工代替设总签字现象。

（8）普遍存在没有按规范要求、按建设阶段编制工程实体质量与勘察设计符合性报告，定期向建设单位提交情况汇报。

（9）工代备忘录流水账记录过于简单，没有描述施工单位按设计要求进行施工的行为及处理过程等情况。存在工代备忘录中问题未进行落实闭环情况。

（三）监理单位

（1）监理人员资质、数量与投标承诺和《监理规划》差距较大。聘请退休人员，未经监理培训，配置的土建专业监理人员岗位资格不满足监理规范要求。存在总监理工程师无注册监理工程师证、安全证或证书过期现象。

（2）监理检测工器具配置不全，部分借用施工单位。

（3）见证员一人有证多人使用情况普遍。见证取样员多数无资格证书或一个取证多人用（代签），不符合住建部关于见证员持证上岗的要求。

（4）施工文件报审、报验不严的情况比较严重。对施工单位报审的专业施工组织设计、施工方案及特殊施工措施的审查不严，审查滞后开工时间。尤其是对特殊施工方案审查未写明确意见或意见签署不完整，不肯定。

单位工程开工报告中开工条件审查不严肃，有些打钩项施工单位没有做或没有完成，照样同意开工。

（5）《质量验收项目划分表》未明确设立质量控制点，存在未按《质量验收范围划分表》《监理旁站实施细则》规定的旁站点进行旁站并记录现象，记录数据不完整。未编制旁站计划或旁站计划与质量控制点不符。

（6）原材料及构配件进场验收报验审查不严。未建立见证取样管理台账情况较普遍。原材料质量证明文件、检定报告审查不严，有的未报审。

（7）施工现场质量管理检查不及时或没有做。施工质量问题整改通知单处理后未及时组织验收，台账管理不健全。

（8）监理人员对土建专业的单位、分部、分项工程质量验收滞后于工程进度的现象比较普遍。

（9）普遍未及时对土建阶段性施工质量作出评价意见。

（四）施工单位

（1）桩基施工单位项目经理资格证书过期现象较多，且项目经理任命和授权文件不全或无原件；缺少项目部管理机构设立文件。现场技术负责人和质检员等管理人员资格和到位情况比较差。

（2）主标段土建施工单位，项目经理身兼两个以上项目的情况比较多，现场实际负责的项目经理（执行项目经理或技术负责人）普遍资质不达标，没有注册建造师证和安全证书。

（3）质检人员和特殊工种人员数量偏少，不能满足施工需求。质检人员和特殊工种存在有部分人员资格证书发证单位不符合国家规定或过期现象。特殊工种人员管理台账不健全。

（4）专业施工组织设计编写内容不完整，指导性差，不能覆盖整个土建工程施工，未编制危险性较大的分部、分项工程清单。

（5）特殊（重大）方案措施和安全专项措施编制，存在依据不全或采用标准失效、内容针对性不强、操作性差的情况，未组织专家评审等。

（6）未编制冬期施工方案措施。施工方案内容空乏，没有结合工程施工实际情况编写，没有针对性，易失控。冬期施工措施没有报监理单位审核和建设单位批准，且未对冬期施工措施进行技术交底。冬季施工测温工作未安排专人负责，未收集和根据天气温度变化情况及时调整保护措施。冬期施工用的保温等材料准备不充分。

（7）方案措施安全技术交底普遍存在内容走过场现象。特别是特殊/专项方案编制人员或项目技术负责人没有向现场管理人员进行专项方案交底，现场管理人员没有向施工作业班组、作业人员进行安全技术交底，并签字确认。一般方案措施交底内容不完整，缺乏针对性，未按工种、班组交底，存在被交底人签字不全及代签现象。

（8）未建立计量器具管理台账；计量器具台账及检定证书管理不完善，台账没有动态管理。个别计量器具检定期已过还在使用或到期计量器具未及时送检。有检定证书委托单位与本项目施工单位不符现象。

（9）编制的检测试验计划不能涵盖整个土建工程，检测管理台账不完善。即使编制有部分类别的检测计划，多数未报审，检测项目与检测计划不对应、与检测记录不相符的现象比比皆是。

（10）未编制检验试验计划或检验试验计划没有报监理单位审核和建设单位批准。检验试验计划未根据材料、设备进场实施检测。施工过程的质量检测未按工程实体质量与使用功能检测分类，检测项目不完整。检验试验计划按施工阶段进行编制，但没有及时更新、完善，重新报审；未严格按照检验试验计划进行检测试验工作。

（11）原材料、成品、半成品、商品混凝土的跟踪管理台账中使用部位描述不到位，同一批次的材料使用记录未连续记录，不能起到质量跟踪作用；施工单位编制的台账与监理见证取样台账不符；特别是对商混的质量管理台账，施工单位基本上都未建立制度和台账。

（12）专业绿色施工记录编制不规范或未编制。绿色施工措施编制依据不全，内容空洞，针对性不强，缺乏操作性。绿色施工记录普遍存在与实际不符或缺少记录现象。

（13）强制性条文实施计划编制内容有缺，不能覆盖整个土建工程，未进行动态更新。强制性条文执行记录填写不规范，缺乏可追溯性。

（14）分包（劳务分包）管理不到位。分包单位资质未报监理单位审核，未报建设单位审批和备案，存在重大质量安全隐患。

（五）检测单位

1. 土建检测试验单位资质

（1）未取得政府工程建设主管部门颁发的见证取样检测、地基基础工程检测等专项证书。

（2）未取得电力行业相应资质，但承担电力工程现场检测试验工作。

（3）未通过计量认证或在通过计量认证的项目范围之外开展工程检测试验工作。未取得政府工程建设主管部门颁发的见证取样检测、地基基础工程检测等专项证书，就开展相应检测试验工作并出具检测报告。

（4）检测试验单位的派出机构（现场试验室）未取得工程质量监督机构颁发的电力工程现场试验室能力认定证书。

（5）未经建设、监理单位审核批准，施工单位自行选择社会检测机构进行检测试验工作，检测试验工作处于失控状态。

2. 检测人员资格

（1）现场试验室负责人及技术负责人无中级及以上专业技术职称，技术能力和实践经验不能满足电力工程质量检测试验的要求。

（2）现场试验室检测试验人员无证上岗或上岗证书失效。

（3）现场试验室人员数量和专业不能满足现场试验检测工作的需要。

3. 检测单位出具的检测报告

（1）不能及时出具试验检测报告。

（2）出具的试验检测报告未加盖 CMA 认证章。

（3）试验检测报告的批准签发人为非法定代表人或为非授权人签字。

（4）试验报告的格式未采用电力行业统一的格式。

4. 现场试验室工作场所环境

（1）检测试验场所环境条件以及监测和控制条件不符合现行标准的规定。

（2）检测试验场所无分区标识，检测试验场所环境、卫生条件差，堆放与检测试验无关的物品。

5. 检测试验仪器设备

（1）检测试验仪器设备无出厂合格证。

（2）检测试验仪器设备未经检定、校准合格或超出检定、校准周期还在使用。

（3）未建立检测试验仪器计量器具台账。

（4）检测试验仪器设备未设置明显的标识表明其使用状态。

（5）检测试验仪器设备布置未按要求分类、分区布置摆放。

6. 现场试验室管理

（1）未编制现场试验室管理工作手册，管理制度不健全。

（2）未建立现场试验室使用的标准清单。

（3）未开展检测试验质量管理网络活动。

（4）未定期编制检测试验报表、未定期向建设单位、监理单位报告其主要的检测试验工作。

（5）未建立工程不合格品的台账和不合格品的报告制度。

（6）未建立见证取样、试验委托、报告发放等相关制度。

二、 要因分析及建议

（一） 要因分析

1. 建设单位

（1）工程部土建质量人员配备少，技术力量薄弱，质量管理控制不严格，不能有效地开展质量管理工作。专业人员过分依赖监理，缺乏主动管理的意识。

（2）质量管理人员对本专业执行的标准规范不熟悉，不能正确选用有效的标准规范。

（3）对工程最大的隐蔽工程——桩基工程，由于合同签署滞后，在很大程度上制约建设、监理单位对桩基工程的质量管理。

（4）思想上未把组织强制性条文执行检查的重要性与保障工程质量联系起来，使得即使组织检查，也属于是例行公事，流于形式。依赖监理的思想严重，没有发挥建设单位质量管理主体的主观能动性。

（5）建设单位对工程现场试验室的建立和运行规定不熟悉，未通过招投标或议标正确地选择检测试验机构作为工程的检测试验单位。

2. 设计单位

（1）设计单位内部管理松懈，各项制度执行不力，没有严格的质量管理体系。

（2）现场设计工代人员专业不配套，缺少实际工作经验，标准规范不熟悉。设总与土建专业工代进场滞后，造成工作缺位。派遣土建专业工代，资历浅，业务水平不高，实为充当联络员角色。有个别项目文件公布的各专业工代，身兼多个项目任务，不能常驻现场。

（3）对土建工程开工前设计交底的重要性认识不足，缺乏主动对参建单位进行设计交底意识。没有在土建工程开工前对勘测、地质、设计要求情况以及存在的风险等情况进行交底和说明，普遍用图纸会检代替设计交底。

（4）设计人员缺乏责任心，不愿意待在施工现场，工作不深入、不细致，未能认真、及时处理现场问题。对施工图会检提出的问题不够重视，仅停留在会检记录的回复上，一些重大的问题得不到及时落实。虽作了备忘录，却未能解决落实，不能满足项目现场工作需要。

（5）对设计强制性条文的执行落实不重视，认为图纸设计就是按标准、强制性条文的执行，并且在图标栏中相关人员已签字、审核批准。不对强制性条文执行情况进行检查并形成书面材料。

（6）对编制阶段性工程实体质量与设计符合性的确认文件不以为然，认为阶段性质量监督检查汇报文件中已包含，不需要编制阶段性工程实体质量与设计符合性的确认文件。

3. 监理单位

（1）监理单位现场配备人员与《监理规范》和合同承诺的不一致情况普遍存在。现场多数聘用人员未经培训上岗，造成人员业务水平低下，故不能发挥工程监理的作用，开展有效的质量监管工作。

（2）不少监理人员责任心差，自身管理不到位。对监理规范要求的质量控制规定置若罔闻，现场审查不严谨，对施工单位的报审、报验文件基本不审不验，签字随意。

（3）不熟悉应执行的标准规范，质量监管与现场施工脱节。

（4）对监理工作不认真，旁站记录事后形成，见证取样一人持证，多人使用，监理工作应付了事。

（5）监理单位现场缺少检测试验专业的监理人员，未按要求对现场试验室的工作能力和质量管理实行监管，现场试验室的检测试验工作处于失控状态。

4. 施工单位

（1）桩基工程作为独立发包的工程，桩基工程承包商多数规模较小，技术与管理人员较少，各项管理跟不上。而且不少为非电力行业的承包商，对电力工程执行标准不熟悉（有的执行的是地方标准），造成质量管理跟不上、施工记录不能真实反映现场实际情况。

（2）土建主标段：一是技术人员不足，管理力量薄弱；二是特殊工种用工人员紧张，使用无证件人员参加施工；三是在一线从事施工作业人员有部分人员没有经过正规培训，综合技能素质差，质量意识缺乏且流动性大。

（3）对执行的标准规范理解不深，掌握不够。工程标准及强制性条文执行不到位，施工记录不能反映现场的实际情况。质量控制制度执行不严格，造成制度与管理两张皮，现场管理缺位。

（4）不重视专业施工组织设计和方案措施的编制，土建专业施工组织设计编制普遍没有针对性，多数为套用别的项目或公司本部模板。

（5）不重视方案措施的质量安全技术交底。造成专业施工组织设计和方案措施针对性和操作性不强，质量安全技术交底走过场。

（6）进场原材料进货检验、取样把控不严，现场监督不严。有的现场材料报验未复试、报告未出，就已经开始用于施工，是工程质量存在隐患之一。

（7）对绿色施工不够重视，对编制绿色施工标准规范的深度、广度掌握不够。

（8）工程（劳务）分包现象普遍，一是出于经济的考虑；二是战线过长，人员紧张原因。管理上对分包队伍基本采取以包代管，缺乏分包管理措施和手段。分包缺乏管理是工程质量安全的一大隐患。

（9）冬期施工方案编制时套用范本。管理人员没有进行检查、督促工作。

（10）为节省检测试验费用，少检或干脆不检。部分检测试验项目因当地检测机构不具备试验条件或检测周期长影响工程施工进度等因素影响，放弃检验试验。

5. 检测单位

检测试验单位的能力不能满足电力工程检测试验的要求，检测试验业务有资质挂靠现象。

（二）建议

1. 建设单位

（1）桩基施工单位应与其他标段施工单位一样，在与建设单位签署合同时，签署工程质量终身承诺书。

（2）建设单位应主导定期发布标准规范清单的工作，并组织对建设工程有关法律法规及强制性标准的学习，熟练掌握本岗位业务知识，求真务实。

（3）建设单位应组织对发现的质量问题进行整改、闭环、核查。

（4）建设单位组织开工前的设计交底工作，设计单位应按勘察设计规范规定，向参建单位做项目地质及勘察、桩基与地基基础施工要求和存在可能的风险等情况进行交底，交底内容应符合规定，交底责任人和各责任单位及参加交底人的签字应齐全、完整。

（5）建设单位应定期组织强制性条文实施检查工作，形成检查记录，促使监理和施工单位重视工程强制性条文的执行和检查，加强质量安全管理。

（6）建设单位应组织对单独发包的装饰装修施工单位和电梯、暖通、消防、建筑智能设备安装单位的招投标及合同签署的检查。

（7）建设单位加强对单独发包的装饰装修等施工单位的质量管理。项目部成立及项目经理的任命、授权等文件应规范，质检和特殊工种人员应持证上岗，且在有效期内。

（8）建设单位扩大对消防、电梯安装、验收文件的检查，为消防通过当地公安消防管理机构验收和电梯取得特种设备合格使用证提供有效的依据。

（9）建设单位组织对上一次检查问题整改情况的核查。

（10）建设单位应严格控制检测试验工作，检测费用宜由建设单位承担，杜绝漏检。

（11）开展质量检查活动时，应安排检测试验专家参加抽检验证活动。

（12）确定第三方沉降观测单位并签署合同。督促第三方沉降观测单位编制沉降观测方案，做好沉降观测准备工作。并及时提供桩基及地基基础沉降观测记录和阶段性报告，做好工程建筑主体及设备基础的沉降观测工作。

2. 设计单位

（1）设计院回复的图纸会检意见落实及相关的设计变更应明确。

（2）设计院应根据《关于进一步加强危险较大的分部分项工程安全管理的通知》（建办质〔2017〕39号文）和《危险性较大的分部分项工程安全管理规定》（中华人民共和国住房和城乡建设部令第37号）有关规定，对工程地质及勘察地质条件可能的风险做出说明。特别应对桩基工程和地基基础处理施工图设计总说明、土建专业设计说明及施工图设计可能的风险进行详细说明。

（3）按图纸会检的责任主体，监理单位组织施工图会检。

（4）设计工代应将报本院的备忘录月报，抄报建设单位，便于建设单位了解工程设计变更的情况。

3. 监理单位

（1）监理应对工程（劳务）分包实施监管。对分包队伍的人员，资质，进、退场等变化情况进行检查，并形成检查意见，定期报建设单位备案。

（2）监理质量问题及处理记录台账应进一步完善。质量问题来源包括监检、监理及日常有关质量检查提出的有关问题记录等内容。

（3）工程劳务分包应形成定期检查制，施工单位编制管理制度，监理定期检查提出意见，报建设单位备案。

（4）定期对现场试验室进行检查。

（5）监理应加强对检测试验单位出具的检测试验报告核查力度，及时纠偏。不符合要求的检测试验报告不得归档。

4. 施工单位

（1）对施工单位绿色施工措施的执行应加强监管。绿色施工应形成有效的记录，记录应有文字描述、量化或照片等支撑性文件说明。绿色施工应形成月报制。

（2）完善施工单位编制的原材料质量跟踪台账，应将原材料自检数据和监理抽检报告编号对应，以便更好地做到质量追踪。

（3）根据 DL/T 241—2012《火电建设项目文件收集及档案整理规范》的规定，形成项目文件并及时归档。

（4）施工单位应对工程分包（劳务）的单位资质、人员资质向监理报审，并在建设单位备案。

三、 质量风险预控要点

（一） 0m 以下下部结构

火电工程的桩基工程和地基基础处理是工程建设的地下部分，是工程的最大隐蔽工程。

1. 建设单位

（1）桩基工程的招投标及开工前的合同签署，包括质量终身责任承诺书签署。

（2）开工前组织并完成桩基工程和地基基础处理的设计交底。

（3）组织桩基工程及地基基础处理的强制性条文执行情况检查，记录齐全、签字完备。

2. 设计单位

（1）开工前完成设计交底并记录签字，施工图会检提出的问题得以落实并出具处理意见。

（2）责任人参加施工土要控制网（桩）验收和地基验槽签证，签字、盖章齐全，验收意见明确。

（3）设计工代备忘录应与现场实际情况一致。

（4）桩基、地基基础施工图中的设计强制性条文应落实检查并形成记录。

（5）对桩基、地基基础工程实体质量与勘察设计的符合性应有明确的确认意见。

3. 监理单位

（1）土建监理人员数量、资格应与投标书和《监理规划》一致。

（2）旁站计划和旁站记录应与工程质量控制点的设置一致。

（3）监理项目部的检测仪器和工具应配置齐全并设立管理台账，仪器检测报告的期限应在有效期内。

（4）进场材料、设备、构配件的质量跟踪管理台账及相对应的报验文件应完整，质量检查验收记录填写内容应规范，并设立原材料进场报验见证取样台账。

（5）应对已完工的桩基、地基基础工程的分部分项工程及时组织验收，完成签证，签署意见符合规定。

（6）按规定对施工现场质量管理进行检查，记录应齐全，台账应完整。质量问题整改处理闭环应及时，验收记录应齐全。

（7）应及时对桩基、地基基础工程施工质量提出评价意见。

4. 施工单位

（1）桩基工程施工企业项目经理经企业法定代表人授权，持有注册建造师及安全证。工程项目的技术负责人和施工管理负责人以书面文件报送至监理单位审核和建设单位备案。项目部专业人员（施工员、质检员等）资格证书符合规定，配备人员能满足工程建设的需要。

（2）土建各标段项目经理授权、任命文件齐全，注册建造师和安全证在有效期内。质检员（施工员）和特殊工种人员持证上岗，在有效期内，资格证书已报监理单位审核确认。建立人员管理台账，实行动态管理。

（3）0m 以下结构的单位工程开工前编制的质量管理文件包括施工组织设计、施工质量验收范围划分表、检验试验计划、强制性条文实施细则、危险性较大工程施工方案、作业指导书、工程执行法律法规和标准清单、绿色施工措施等，应报监理单位审核。施工方案措施审查手续及审查意见等签署符合规定。安全技术交底内容全面，被交底人员签字齐全。重大、特殊、安全专项方案措施经过专家评审，并有落实评审意见的记录。

（4）依据施工方案措施，应按规定分工种、班组进行质量安全技术交底，交底内容全面，被交底人员签字齐全。

（5）对单位工程开工条件应进行自查，并报监理单位审核和建设单位批准。

（6）进场的计量器具、特种设备完好，型号、数量满足施工需要，应建立台账并报监理、建设单位审核备案。

（7）编制的检测试验计划切实可行，并建立送检测的见证取样台账，台账与检测记录内容一致。

（8）原材料、半成品及商品混凝土等质量跟踪台账内容清晰，记录完整。原材料、构配件等进场验收，性能指标符合要求和检测标准规定。原材料按检测计划进行见证取样和送检，与台账记录相符。

（9）分部分项工程完工后报验应及时。验收发现的不符合项应及时整改闭环，且整改单和闭环文件齐全。

（10）工程专业分包/劳务分包单位资质应报监理审查，并报建设单位备案。编制分包单位及人员管理制度，报监理审查。制度内容应包含分包人员进场的交底、培训教育、考核合格以及持证的情况等。

5. 检测单位

（1）检测试验单位的资质和能力应满足规范规定。

（2）检测试验人员的专业能力和人数应满足工程检测的实际需要。

（3）检测试验项目应在试验室能力认定的范围之内。

（4）工程检测试验委扎合同符合《合同法》的规定。

（5）现场试验室环境应整洁，检测试验仪器、设备维护、保养状态良好。

（6）计量器具台账齐全，且在有效期内。

（7）工程检测试验台账、检测抽样频数应满足规范规定。

（8）检测试验规章制度有效，执行记录齐全。

（二）0m 以上上部结构（建筑主体）

1. 建设单位

（1）编制的土建专业标准规范清单应及时发布并实时更新，动态管理。

专业标准规范清单编制、审核、批准签字盖章应齐全。

（2）组织检查0m以上上部结构（建筑主体）各建筑项目的强制性条文实施情况，检查记录内容应符合规定，签字完备。

（3）组织主厂房等主体工程开工前的设计交底。检查上一阶段图纸会检提出问题的闭环。

2. 设计单位

（1）开工前完成设计交底和记录，交底人和被交底的各责任单位人员签字齐全。

（2）供图计划和图纸接收记录齐全；严格禁止用白图施工，如遇特殊情况，需设计院出具问题说明。

（3）施工图会检提出的问题应闭环。

（4）工代对建设、监理、施工单位提出的工程联系单应及时处理，并按规定及时参加单位工程、分部工程等验收并签证。

（5）设计变更通知单的原件应归档。参建单位签字应完备；设计单位责任人签字不应存在电子签名、复印件、扫描件等现象。

（6）设计强制性条文应在土建主体施工图上有详细说明，强制性条文执行记录应齐全，内容与实际相符。

（7）设计院应出具本阶段工程实体质量与设计符合性的确认文件，内容描述应与工程质量有关，且有满足阶段性工程质量要求的结论性意见。

3. 监理单位

（1）应按规定对施工现场已开工的项目进行质量管理检查，并形成相应的记录。记录内容真实、可靠，符合规范要求。

（2）对土建各标段施工单位补充完善的土建施工质量验收项目划分表已经审查，并设定质量控制点，进行旁站监理。形成旁站记录，与旁站计划一致。

（3）应对特殊施工方案措施进行审查，尤其是对安全专项措施进行审查，并签署审查意见。

（4）应对进场的原材料、设备、构配件的质量进行检查和验收；应对原材料的复检进行见证取样，签字应符合要求。

（5）质量问题及处理记录台账，各要素"质量问题、发现时间、责任单位、整改要求、闭环文件、完成时间"应齐备。质量问题通知单和处理验收闭环记录应完整，签字应齐全。

（6）强制性条文执行检查应到位，记录可追溯。

（7）应完成主厂房等建筑结构工程、砌体工程、屋面工程以及汽轮机、发电机等设备基础等施工质量的验收及签证，验收记录各责任单位及责任人签署应齐全。

（8）应对0m以上上部结构及建筑主体部分的工程质量做出符合实际的评价。

4. 施工单位

（1）土建各标段项目部专业人员配置应能满足工程建设需要。质检和特殊工种人员应到位，并持证上岗，在有效期内。管理和特殊工种人员管理台账应动态管理，能反映人员的离场、在岗以及证书有效期等情况。

（2）0m以上各主要建筑的单位工程开工前编制的质量管理文件包括施工组织设计、施工质量验收范围划分表、检测试验计划、强制性条文实施细则、危险性较大工程施工方案和作业指导书、工程执行法律法规和标准清单、绿色施工措施等，应报监理审查，建设单位批准。施工方案措施审查手续及审查意见等签署应符合规定。重大、特殊、安全专项方案措施应经过专家评审，并有落实评审意见的记录。

（3）依据施工方案措施，应按规定分工种、班组进行质量安全技术交底。交底记录内容应全面，被交底人员应签字齐全。

（4）施工单位计量器具台账应动态管理，能反映计量器具的型号、出厂合格证编号、检定日期、有效期、在用或送检、退场等信息。

（5）送检试验项目与检测计划应一致，见证取样记录应齐全，管理台账动态管理、检测记录应真实、可靠。

（6）原材料、构配件等出厂质量证明文件应齐全。报验、见证和复检应符合质量控制程序规定。编制的原材料、构配件及商品混凝土质量跟踪台账应清晰、记录完整。

（7）绿色施工应有记录、文字描述，有指标实测数值或影像资料，并有监理验收签字。

（8）已完工的分部分项工程经报验，对验收发现的不符合项应进行整改，及时闭环，且整改单和闭环文件齐全。土建交安装签证手续应完整、签字齐全。

（9）分包及劳务管理制度应健全且落实到位。建立上报备案制，能反映现场分包、劳务队伍人员流动的情况。

（10）施工单位应依据 DL/T 241—2012《火电建设项目文件收集及档案整理规范》规定，已竣工的建筑工程交付使用应依据质量验收计划，按单位工程收集、整理归档，归档文件应齐全、完整。

（三）装饰装修和建筑设备安装

装饰装修工程作为土建工程的一部分，建设单位许多时候不直接管理，采取单独发包的方式进行，由专门的装饰装修施工单位承建建筑物的装饰装修工程。而建筑设备安装，其中包括电梯、暖通、消防、建筑智能等工程一般不含在土建标段之内，是由设备厂家包安装调试后交付使用。

1. 建设单位

（1）装饰装修工程应进行招投标并签订合同。电梯、暖通、消防、建筑智能设备的招投标及合同和技术服务协议的签订（含质量终身承诺书）应符合规范规定。

（2）消防系统的设计、安装、检测、验收等文件应齐全，并报当地公安消防机构审查和验收备案，验收备案文件应及时收集归档。

（3）电梯厂家出厂的质量证明文件应齐全，电梯安装记录，验收和检测、调试报告应完整，并取得当地特种设备使用证书。

（4）组织对装饰装修工程建设标准强制性条文实施情况进行检查并形成记录。组织建筑设备安装中由土建标段承建部分的工程建设标准强制性条文实施情况进行检查并形成记录。

（5）装饰装修工程采用的新技术、新工艺、新流程、新装备、新材料实施情况应符合相关规定，编制的方案应经报审及批准。

（6）消防、电梯安装、验收文件应规范、齐全，及时报当地公安消防管理机构验收；电梯报特种设备管理机构备案，并取得相应证书。

2. 设计单位

（1）设立建筑工程设计变更文件台账，汇总土建专业清单。

（2）主厂房、输煤系统、码头等建筑工程竣工图应与设计变更和现场实际情况相符。

（3）建筑工程设计质量检查报告中应有确认工程质量达到设计要求的明确意见。

3. 监理单位

（1）依据质量验收划分设立控制点，制定的旁站方案（计划）与旁站记录应一致。

（2）依据检测试验项目计划，装饰装修材料的见证取样委托单及质量管理台账应完整、齐全。

（3）主厂房、输煤系统、码头等建筑工程施工质量验收签字、盖章应完整、齐全。

（4）主厂房、输煤系统、码头等建筑工程竣工图审查签字、盖章应完整、齐全。

4. 施工单位

（1）单独发包的装饰装修施工单位和建筑设备安装工程中电梯、暖通、消防、建筑智能设备安装单位的招投标及合同签署应符合《合同法》的规定，项目部成立及项目经理的任命、授权等文件符合规定，质检和特殊工种人员持证上岗，且在有效期内。

（2）主厂房、输煤系统、码头等建筑工程质量验收应与工程质量验收计划一致。

（3）绿色施工记录应与绿色施工方案一致。

（4）装饰装修材料的进场验收和报验应符合质量管理规定。

（5）检测试验报告及报审应与检测试验项目计划一致。

（6）主厂房、输煤系统、码头等建筑工程应设立施工质量问题及处理台账。

第三节　设 备 安 装 工 程

火电工程设备安装过程的锅炉水压试验、汽轮机扣盖、厂用电受电是电厂质量控制的关键节点，通过对以上三个重要控制节点发现的质量问题进行梳理分析，提出质量风险预控的要点。

一、常见质量问题

（一）建设单位

（1）对报送的锅炉水压试验、汽轮机扣盖、厂用电受电方案审查批准意见不明确。锅炉整体水压试验前验收项目未全部完成，汽轮机扣盖前不具备合全实缸验收条件，电气一、二次系统及保护调试验收未完成；或签证不全、签证内容不完整、责任签署不完备等。

（2）未组织设备厂家在设备安装前进行设计及技术交底或技术交底内容不全面、有遗漏，被交底相关人员签字不全等情况普遍存在。

（3）一些机组容量规模较小的工程，存在设备监造单位或人员资格有问题的情况较多。有的是委托聘用专业人员进行设备监造，有的是委派本单位技术人员现场监造，而不是委托正规的设备监造单位监造。

（4）普遍存在设备监造单位监造报告提供不及时，监造报告内容不能涵盖监造规定的全部内容，报告提供的材料质量检测等文件复印质量差、不清晰，报告对设备厂家提出缺陷未整改闭环，报告签章手续不完备情况。

（5）存在设备厂家产品出厂质量证明文件提交滞后情况或文件缺印章，为非有效版本。

（6）存在与设备有关的建筑工程还未完工或验收签证未办结的情况。

（7）厂用电受电阶段，受电方案未经电网调度部门批复；保卫、消防工作不够完善，如主厂房防火门未取得生产许可证书；厂用电受电后的管理方式未确定或确定了未发布；上网协议和购电合同未签等。另外，还存在厂用电系统受电方案未经批准的现象。

（8）设备安装阶段的法律法规和标准规范清单编制发布不及时，未及时更新和动态管理。提供的技术标准规范清单存在标准过期或引用标准不适用本项目的现象。

（9）第三方检测单位沉降观测工作滞后，不能及时提供锅炉、汽轮机等设备沉降观测记录和阶段性报告。有报告的对沉降观测的结论不明确。

（10）开工前未组织设计交底，且交底内容不能覆盖已交付的施工图。交底记录、参加交底人员签字不全。

（11）强制性条文计划和检查记录内容和格式未按单位工程进行编制及检查，检查记录的"相关资料"不可追溯。

（12）未编制设备安装采用"新技术、新工艺、新流程、新装备、新材料"的相关文件。

（二）设计单位

（1）设计图供图计划有调整，未形成有效文件。

（2）现场设计院派驻的工地代表（简称工代）缺任命书，存在聘用退休人员担任设代，未向建设单位通报的情况。

（3）未按规定在设备安装前向建设、监理、施工、调试单位进行设计交底。

（4）图纸会检回复意见的问题描述不规范，有的用问号表示，有的未用文字表述，有的无问题闭环记录。

（5）设计变更文件的责任签署不规范。有错签、漏签现象，还有使用打印和盖章代替手签现象。

（6）无设备安装施工图部分的标准强制性条文执行计划及目录清单，或强制性条文计划未报监理及建设单位审批。部分强制性条文执行情况检查记录无执行人签字，未标识施工图卷册编号，不可追溯。

（7）未编制设计工代服务报告，工代备忘录内容记录不全。

（三） 监理单位

（1）各专业监理工程师配置与监理规划中配置不符，监理工程师资格证书不全或失效。监理工程师有变更未报审。

（2）未完成相关施工质量验收及隐蔽工程签证情况较普遍。

（3）未按规定对现场施工管理进行检查或检查不到位。

（4）对施工质量验收范围划分表审查不严，有的未设置质量控制点，且未汇总。监理旁站计划、旁站记录与质量检验评定划分表不相符，与单位、分部、分项的质量验收记录对应不上。

（5）进场材料报审不严。存在报审单填写的附件清单与实际不符、材料质量证明书印章不规范等情况。

（6）设备开箱/材料到货验收记录内容不完整。存在设备开箱无验收意见、无资料接收人员签字等现象。对验收发现问题的设备，无处理意见及验收闭环文件或未填验收结果。

（7）设备、施工质量问题处理记录不全，有的未形成有效文件，内容填写错误。质量问题及处理台账有缺项，有的无对应处理记录文件编号，有的处理闭环情况无说明，缺陷闭环确认管理不到位。

（8）监理强制性条文检查不到位的现象较为普遍。即使检查了，存在未形成记录或记录不完整、不可追溯情况。

（9）编制的受电范围内的质量评价意见，存在无编、审、批人员签章，未报建设单位的现象。

（四）施工单位

（1）安装标段存在质量、安全负责人调整后，新任负责人资格证未报审、未通报的情况；施工管理人员（质量、安全管理负责人）资格证过期，未及时报审的情况。

（2）特殊工种人员资格证书有过期或复印件不清晰的情况。有的特殊工种（测量员）还存在无资格证上岗的情况。

（3）专业施工组织设计内容涵盖不全，缺强制性条文、绿色施工、"五新"应用等内容，安全文明施工未列危险性较大分部分项安全措施清单，且针对性不强。

（4）施工方案和作业指导书编制依据不全，标准过期，风险因素中工器具防护措施不全。安全技术交底未按方案措施内容交底，交底的工种、班组、人数与方案或作业指导书劳动力安排人数不相符，并且有接受交底人签字不全，还有代签名现象。

（5）未编制专业检测试验计划或编制内容不能涵盖全部检测项目、未报审，可操作性不强。检测项目试验报告不全，检测试验报告与现场实际情况不相符较多。需要见证的记录，检测委托书委托方未盖章，委托人、见证单位、送检人、见证人未签字，未手签或未填写见证人资格编号；检测材料没有批次编号，无法确认是否符合设计要求。

（6）计量器具台账不能反映现场实际情况，未进行动态管理。个别计量器具检定证书已过有效期或未及时送检。

（7）焊接等相关制度不齐全，无内审页，可操作性不强。焊接材料跟踪管理台账、焊材发放跟踪及焊条回收记录、对工程项目部位描述不详细，不可追溯。

（8）水压试验、汽轮机扣盖、厂用电受电组织机构和责任分工不够明确。

（9）《专业绿色施工措施》编制依据引用标准不全，内容空洞，"四节一环保"措施操作性不强，且未报审。

（10）专业强制性条文执行计划编制依据有失效过期现象。强制性条文执行记录内容不规范、不完整，不可追溯。

（11）存在分包现象，分包商资质未报审。

（五）调试单位

（1）项目经理资格证和法人授权书未报审，缺项目经理授权文件。

（2）调试人员资格未报审。

（3）调试大纲、调试措施缺本单位编、审、批签字，报审不规范。

（4）调试使用的仪器、仪表未报审或报审不全，有部分已过有效期现象，与台账不符。

（5）计算机监视、控制系统调试单位工程验收划分表未申报，便已开工调试。计算机监视、控制系统调试单位工程验收记录不齐全。

（6）受电范围内的设备和系统未按规定全部调试完毕；升压站、启动变压器、厂用电快切系统调试单位工程未验收；启动备用变压器系统和GIS母线保护验评表不齐全。

（7）调试报告未经本单位编、审、批签字、未盖章。存在系统调试记录不全、无准确结论（合格）、调试报告曲线黑白打印及不能辨识等现象。

（8）存在未编制调试工程建设标准强制性条文实施计划、强制性条文实施计划未经报审情况。未形成调试强制性条文执行情况检查记录。

（六）生产运行单位

（1）未编制运行人员培训台账，或台账内容不全、责任人未签字等。

（2）运行规程、系统图审批不规范（签字均为机打），签章手续不全。工作票、操作票、日志填写不规范（用圆珠笔填写）；未建立设备管理台账；无厂用电受电后的运行管理方案。

（3）无调度下达的保护定值通知文件，继电保护定值编、审、批人签字不规范，未实施规范的保护装置定值的审批流程。

（4）厂用电系统受电调试措施中有"需做好相应安全隔离措施"要求，但无具体的隔离措施；受电设备、系统与施工区域的隔离尚未完成；无受电设备、系统与施工区域隔离措施的实施记录；现场安全、消防隔离记录不完善或未形成。

（5）受电范围内无设备标识验收记录表；无系统、区域标识验收记录表。

（6）未编制应急预案或缺编、审、批人签字。

二、 要因分析及建议

（一） 要因分析

1. 建设单位

（1）专业人员配备少，多数缺乏电力建设工程工作经验，对监理依赖性强，管理不主动。

（2）个别建设单位重工期进度，轻设备及安装的质量管理。对诸如设备监造工作、厂家设备安装前的交底，以及设备出厂质量证明文件的催交等工作重视不足。

（3）专业技术管理人员对标准规范学习、理解、掌握不够，对基建工作程序、工作内容知之甚少，管理浮浅。

（4）对锅炉水压试验、汽轮机扣盖、厂用电受电等安装关键节点应具备的条件审查不严，要求不严谨。在锅炉水压、汽轮机扣盖、厂用电受电中许多应该完成的验收和签证还未完成，就申请阶段性监检。

2. 设计单位

（1）设计人员短缺，现场设计工地代表（简称设代）和工代到位不及时。设代组长有聘用非专业人员的情况，不能实时解决问题，常采用推诿、拖延的手法应付了事。

（2）设计单位对各阶段质量监督检查提出的设计整改问题和建议敷衍了事，整改不到位。

（3）设计单位普遍存在不重视现场服务工作、人员资格报审不及时、派遣的设计工地代表不能满足现场服务需要现象。存在遥控服务现象，设计变更单用传真或扫描方式传送，无原件，不满足永久保存文件的质量要求。

（4）不重视设计强制性条文的落实，不重视开工前的设计交底以及编制阶段性实体质量与设计要求符合性的确认文件。即使有这些文件，缺少必要的编、审、批手续，形成的记录不完整，处在应付状态。

（5）设计单位存在施工图供图计划和实际到图有偏差的情况。

3. 监理单位

（1）工程、设备监理（监造）单位的专业监理人员配置不足，聘用人员多，多数为施工、设计、设备制造单位退休人员，其专业水平有限，且未经监理业务培训，不少人不能胜任监理工作。

（2）不少监理人员质量监管意识薄弱，责任心差，施工监管和质量把关走过场，对施工单位报审、报验及签证文件不审、不验。

（3）监理人员对电厂设备安装应执行的标准规范不熟悉，无法按标准规范做好质量把关工作。

（4）对监理规范执行不严，对施工单位提交的竣工文件审查不严格，把关不细，监理审查意见填写不明确、不肯定，质量管理台账混乱，质量记录填写不完整或填写错误等。

4. 施工单位

（1）施工单位有经验的管理人员配置少，不能对新分配的技术人员进行传、帮、带，造成现场管理不到位，不能满足现场质量管理的需要。

（2）现场项目部大部分技术管理人员对规程、标准学习、理解、掌握不深，对工程质量管理规定与要求知之甚少。编制的施工方案措施等施工技术文件以抄为主，技术交底与方案措施"两层皮"现象较普遍，不能对施工起到应有的指导作用。

（3）现场管理人员重实体施工，轻竣工文件的形成，以致单位工程完工后，未形成应有的施工记录和相应的试验报告。已经形成了应有的施工记录、施工质量验收记录和隐蔽工程签证等文件的，记录内容不完整、漏项等与现场实际不相符的情况成为常态。

（4）工程分包为躲避处罚，多采用隐瞒不报。

（二）建议

1. 建设单位

（1）建设单位应组织专业人员进行标准规范的学习，提高对标准规范的理解和掌握，督促监理做好施工质量的监管工作。明确各单位及部门管理职责，奖罚分明，加大考核力度，提高建设单位管理的主动性；使各参建单位能各负其责，真正"动"起来。

（2）设备监造应与有资质的单位签订合同，保证设备监造能满足设备质量控制的要求。

（3）锅炉设备厂家在进行锅炉水压试验前必须提供有效的锅炉质量证明文件，特别是锅炉压力容器安全性能检验报告。不能及时提供的，应要求在进行锅炉水压试验前，检验单位必须提供"锅炉压力容器安全性能检验"合格的证明，以保证锅炉水压阶段设备的质量与安全。

（4）确认汽轮机扣盖前阶段质量问题已整改，要求相关签证的及时审核和签署。

（5）要求设备监造单位提供有效的汽轮机监造报告和确切的结论性意见，以保证汽轮机扣盖阶段设备的质量安全。

（6）要求汽轮机设备厂家提供有效的汽轮机质量证明文件，并完成设备安装前的技术交底。

（7）要求在建单位以厂用电系统受电为节点确定应完工程的验收时间，加快签证的审查签署流转。

（8）及时办理上网许可协议。

（9）对厂用电系统受电方案，建设、监理加强监管，完善安保、消防措施。严格遵守方案经过试运指挥部总指挥批准后方可开展设备调试工作的规定。

（10）各类检查记录、交底记录签署应完备，并应形成有效文件。

2. 设计单位

（1）设计单位应建立工代任命及资格通告制，并报送建设、监理单位备案。

（2）设计工地代表应定期向建设单位提供设代服务报告或设计工地代表备忘录，了解现场处理问题的及时性和现场服务情况，保证现场服务质量。

（3）要求设计变更单的责任签署为手签，并为原件。

（4）要求设计强制性条文执行记录能反映对应的卷册，可追溯。

（5）设计单位应根据要求配置现场设计工地代表，人员要及时报审。

（6）按计划阶段和节点完成施工图供图，动态调整供图计划。

（7）形成现场工代服务报告、备忘录等。

3. 监理单位

（1）专业监理人员配备与合同及监理规划不同或有变动，应报建设单位备案。

（2）监理质量问题及处理台账，应增加缺陷来源要素，确认质量问题的整改闭环情况。

（3）监理人员配备数量和质量应与招投标时承诺相符，质量验收工作应与现场同步。

（4）严格执行监理规范，对各参建单位形成的项目文件进行认真审查，填写准确意见。

（5）对本单位形成的项目文件认真编制和形成执行记录，签章手续完毕。

4. 施工单位

（1）锅炉专业和焊接试验检测计划的编制应具有针对性，并报审。

（2）建立施工单位、分包单位资质和人员资格申报，监理单位定期检查并提出意见，最终报建设单位备案制度，杜绝层层转包和违规行为。

（3）规范编制施工方案和作业指导书，应满足专业标准、规范规定，具有针对性和可操作性。

（4）明确检测试验项目计划的报审要求。

（5）建设、监理单位对汽轮机扣盖方案的审查应出具"肯定性"意见。包括安装施工记录形成的及时性及安全技术交底记录落实情况。

（6）施工单位"分包"合同应报监理单位审查、建设单位备案。

（7）完善施工管理人员台账，资格证书严格管理，到期及时进行换证工作。

（8）施工项目文件编制内容应完整、准确，符合工程实际。签章应完备。

（9）现场质量验收工作应与现场施工同步完成。

5. 调试单位

（1）由于调试单位是开工之后确定的，应将检查机组调试招投标及合同签署（含质量终身承诺书）纳入质量监督检查的范围。

（2）调试单位项目部机构成立文件及调试岗位的设置、调试项目调总和副调总人员的确定应符合调试相关规定。

（3）应明确调试单位完善调试现场的基础性管理工作。

（4）应形成规范的调试记录文件。

（5）外委调试项目应严格检查。调试单位应将分系统调试的分包商资质，向监理、建设单位报审，外委单位的资质及人员资格应在监理、建设单位备案。

（6）调试、验收应与现场工作同步完成。

6. 生产运行单位

（1）控制室与电网调度操作人员之间的通信联络应通畅。

（2）受电区域与非受电区域及运行区域隔离应可靠，警示标识应齐全、醒目。

（3）设备命名编号及盘、柜双面标识应准确、齐全，设备运行安全警示标识应醒目。

（4）应完成的电气保护定值的编、审、批规范。

三、质量风险预控要点

（一）锅炉专业

1. 建设单位

（1）完成锅炉整体水压试验条件签证组织。签证结论明确，签章完备。

（2）设备监造单位资质符合规定，提交的监造报告内容完整，签章完备。

（3）组织并完成设备厂家和设计院在各专业开工前的交底。交底记录内容完整，参加交底单位及人员签章完备。

（4）锅炉厂家提供质量证明文件齐全、完整，签章完备。缺锅炉压力容器安全性能检验报告等安装重要文件的，厂家应有说明。

（5）锅炉钢架沉降观测记录内容完整、准确，与实际相符，且结论性意见明确。

2. 设计单位

（1）开工前的设计交底。对图纸会检提出问题及时回复和落实。

（2）锅炉水压试验阶段的强制性条文执行情况检查记录与施工图卷册记录对应，便于追溯。

（3）设计工代任命及告知文件齐全，工代备忘录记录内容与现场实际服务情况相符。

3. 监理单位

（1）设备监造单位资质报审文件，监造合同内容满足监造规范要求。

（2）专业监理人员配备及资格与承担任务相符。与监理规范不符的，要提供人员变动说明。

（3）完成对锅炉水压整体试验相关的验收和隐蔽工程签证，总监及锅炉监理工程师签署意见明确、肯定。

（4）质量问题应处理及时，闭环记录和管理台账齐全、完整。记录与监理通知单等有关质量问题文件应一致并可追溯。

（5）锅炉专业施工质量验收范围划分表与质量验收记录对应；见证点（W）、停工待检点（H）和旁站点（S）标识准确。对应的旁站记录齐全、完整。

（6）施工现场质量管理检查符合规范规定，记录齐全。

4. 施工单位

（1）项目经理资格符合规定，质量管理人员、特殊工种人数及资格证有效期应与管理台账相对应，可追溯，且动态管理。

（2）锅炉专业试验检测计划满足规范要求，操作性强，并已报审。

（3）焊接管理制度执行到位，焊材跟踪管理台账中焊材发放跟踪及焊条回收记录管理规范，焊材跟踪管理台账中使用部位描述准确、翔实，可追溯。

（4）锅炉水压试验方案已报审，监理、建设单位的审批意见明确、肯定。施工方案措施内容已完成安全技术交底，交底程序符合规定，交底记录内容完整无缺，被交底人签字完备。

（5）强制性条文执行检查记录的内容完整、可追溯。专业绿色施工措施已编制并报审，绿色施工记录内容齐全。

（6）工程分包申请及分包商资质报审表应规范，确定专业分包或劳务分包管理属性。

（二）汽轮机专业

1. 建设单位

（1）汽轮机扣盖前签证齐全，相关工序已全部完成。

（2）汽轮机设备监造报告齐全，且为有效版本。

（3）厂家提供的技术文件为原件，印章、签字完备。

（4）汽轮机基础沉降观测记录、曲线图及报告应齐全，结论性意见明确。

（5）新技术、新工艺、新流程、新装备、新材料论证文件齐全并经审批。

2. 设计单位

（1）强制性条文计划和强制性条文执行记录与施工图密切关联。

（2）设计变更单责任人签字完备。

（3）设代服务报告内容完整，并提交建设单位。

3. 监理单位

（1）监理人员执业资格（或职称证书）有效并报审。

（2）施工质量验收及隐蔽工程签证已签署完毕。

（3）质量问题台账中涉及汽轮机扣盖的质量问题已整改闭环。

4. 施工单位

（1）技术交底记录与方案对应。

（2）施工方案和作业指导书的编制依据中使用标准齐全，且为现行标准。

（3）《专业绿色施工措施》编制依据齐全、准确，措施内容完整，已报审。

（4）施工质量验收记录及隐蔽工程签证已报审。

（三）电气热控专业

1. 建设单位

（1）厂用电系统受电范围内建筑工程已完成验收并签证。

（2）法律法规和标准规范清单目录适用本项目，且实施动态管理，编制、审核、批准责任人签字完整。

（3）设计交底记录齐全，交底人和被交底人已签字，施工图会检纪要齐全，各参建单位责任人签字完整。

（4）电气设备安装技术交底记录中组织人、交底人、接受人签字齐全。

（5）电气一、二次系统及保护调试报告及验收签证齐全。

（6）厂用电系统受电方案已报审，责任单位审核签字齐全，经试运指挥部批准并开展调试工作；厂用电系统受电方案的受电后管理方式已确定；厂用电系统受电前上网协议、购电（或用电）合同已签订，责任人已签字；厂用电系统受电现场安全、保卫、消防等措施已编制完毕并已落实。

（7）强制性条文实施情况检查记录与实施计划相符，相关资料可追溯，检查人员已签字。

（8）新技术、新工艺、新流程、新装备、新材料论证文件经审批。

2. 设计单位

（1）设计单位编制的施工图供图计划、交付协议及到图记录一致。交图进度与施工进度计划相协调，能满足连续三个月施工的需要，施工图纸交付计划及实际交付到图相符；图纸会检记录发现的问题已闭环。

（2）设计单位已下发工代的任命书并通报各相关单位，设计修改、变更、材料代用等签发人资格符合规定，设计工代服务报告/备忘录齐全。

（3）强制性条文实施计划（含强制性条文清单）与本阶段执行记录相符，内容填写完整，监理已签字。

3. 监理单位

（1）项目监理部专业监理人员配备满足现场实际需要，资格证书与承担任务相符，证书有效。

（2）电气、热控专业施工的分项、分部、单位工程质量验收表齐全；厂用电系统受电涉及的电气、热控单项工程调试质量验收和分系统调试单位工程质量验收文件齐全、规范；项目质量验收汇总表与质量划分表相符，监理单位责任人已签字。

（3）施工现场质量管理检查记录齐全。

（4）施工质量验收范围划分表已报审，划分表内容符合规程规定且已明确了质量控制点；旁站计划和旁站记录一致，旁站计划质量控制点符合质量验收范围划分表要求。

（5）工程材料、设备、构配件报审表填写完整，签章规范；主要设备开箱、材料到货验收记录各项填写完整，监理工程师已签字，问题整改已闭环。

（6）质量问题及处理台账的问题已整改闭环。

（7）电气强制性条文执行检查记录中"执行情况、检查结果"等栏目，填写应规范，具有可追溯性。

（8）已出具本阶段工程质量评价文件，意见明确，责任人已签字。

4．施工单位

（1）项目经理以及主要管理人员、特殊工作人员的资格报审材料和管理台账已设立，质量检查人员及特殊工种人员资格证书有效。

（2）施工组织设计内容完整，报批及审查意见明确。

（3）技术交底记录内容、工作人数与施工方案、作业指导书相符。

（4）施工计量器具台账完整，检定合格证或报告齐全并报审。

（5）检测试验项目计划经审批，报告与检测试验项目计划相符。

（6）专业绿色施工措施内容完整，签章完备。

（7）强制性条文计划和执行记录中填写的"执行情况、检查结果"应有可追溯性。

5．调试单位

（1）项目部组织机构成立文件应包括调试总工程师、各专业调试负责人及调试人员，各岗位职责明确；若有外委调试业务，外委合同及外委单位和人员的资格已报建设单位备案。

（2）项目经理授权文件及项目经理资格证书与承担业务相符。

（3）调试人员资格已报审，人员满足调试需要。

（4）调试方案、技术交底、调试签证等文件齐全，签章完备，厂用电系统受电方案经试运总指挥批准。

（5）主要测量计量器具、试验设备已报审，检定报告均在有效期内；调试使用的仪器、仪表检定台账齐全，满足调试需要；仪器仪表均贴有合格标签，且在有效期内。

（6）计算机监视、控制系统调试单位工程验收表已完成，且与调试方案、大纲、调试验收划分表一致。

（7）升压站、启动变压器、厂用电快切系统调试单位工程验收表齐全；厂用受电相关调试记录完整，依据调试工作范围核对记录齐全，并有明确结论（合格）；建筑、电气受电范围内的设备和系统签证齐全。

（8）强制性条文执行计划和执行记录相符，监理和建设单位审批人已签字。

（9）调试单位招投标及合同（质量终身承诺书）文件归档及签章手续完备。

6. 生产运行单位

（1）运行单位已设立人员培训台账，负责人已签字。

（2）运行规程、系统图已正式出版，并签章齐全；设备管理台账、两票表单、运行日志、报表、设备问题台账、操作票、工作票齐全完整。

（3）继电保护定值清单已按流程审批，签章手续完备。

（4）受电设备、系统与施工区域隔离措施已形成实施记录，相关人员已签字。

（5）设备、建筑标识验收记录表齐全完整。

第四节　调整试验及生产运行

火力发电厂机组系统调试和整套启动调试的开始，预示火电项目的建筑工程和设备安装已近尾声，生产准备工作已基本就绪，生产人员即将全部进入岗位，配合机组各项调试和启动。系统调试和整套启动调试对机组运行的各项经济技术指标至关重要。机组投入商业运行标志火电项目工程已经全部竣工，具备投入商业运行的条件。

一、 常见质量问题

（一） 建设单位

（1）无机组整套启动试运前的施工和调试项目检查验收文件或部分调试项目未完成，如供氢站充氢前未提供氢气质量分析报告；无烟气在线连续监测装置与当地环境保护部门联网的证明。

（2）整套启动试运期间主要不符合项、整改闭环确认文件及台账编制不规范，无纸质文件；问题整改回复单未附相应具体整改的支撑材料。

（3）无工程建设标准强制性条文执行情况记录。

（4）移交生产交接中提出需要整改的缺陷（遗留问题）未闭环或闭环文件编制、收集不及时。

（5）移交生产交接书未加盖责任单位印章。

（6）消防验收未完成。

（7）锅炉、压力容器、压力管道、电梯、起重机械等未取得合格使用证。

（二） 设计单位

（1）未编制工代备忘录或设计工代备忘录中无设计问题处理闭环的文件。

（2）未编制工程设计质量检查报告。

（三） 监理单位

（1）电气专业、化学调试单位工程验收汇总表未标注日期。

（2）施工和分部试运过程中，不符合项消缺管理、整改闭环确认文件及台账编制不规范。

（3）设备、施工质量问题及处理台账编制不完整。

（4）不符合项、整改闭环确认文件及台账编制不规范。

（5）施工和分部试运工程中不符合项的整改尚未验收。

（四）施工单位

（1）部分施工验收不符合项未整改闭环。

（2）主蒸汽、再热蒸汽管道吹扫签证，轴封送汽管道吹扫签证结果描述不明确；无电袋除尘器气流分部试验报告；锅炉安全阀安装记录不全；锅炉、输煤系统设备调试中检查结论机打代替监理手签或未签署；无光谱分析报告中试验位置及标记（位置示意图）；无联轴器螺栓与孔的配合间隙记录；发电机整体严密性试验签证未附试验记录及漏气量计算过程；汽水管道节流装置安装检查记录填写不规范；盘车就地电测仪表、柴油发电机组输出柜电测仪表均未粘贴检定标识；高压加热器安全门整定结果密封压力不合格，更换新阀门后无整定报告。

（3）分部试运中不符合项未整改闭环，不符合项台账中部分缺陷未闭环，内容不完整，无支撑性文件。

（4）汽轮机专业部分强制性条文记录不完整，输煤系统设备安装强制性条文记录签字不全。

（5）施工和分部试运工程中不符合项的整改验收尚未完成。

（6）项目验收文件未整理归档。

（五）调试单位

（1）调试总工程师，副总工程师，电气、汽轮机、热控调试工程师证书的有效期不能涵盖全部调试工作。

（2）强制性条文执行计划未报审，强制性条文执行记录"检查确认表"内容填写不完整，"相关资料"填写不规范、不能追溯。

（3）分系统调试报告未签审完毕。主变压器、高压厂用变压器绕组变形试验报告，主变压器耐压、局部放电试验报告，发电机端部模态、绕组电位外移试验报告，变压器气体继电器及压力释放阀试验报告高压配电装置（GIS）及启动备用变压器局部放电及变形试验报告等未盖试验专用章。

（4）无整套启动调试措施交底记录。

（5）涉网试验报告尚未完成。

（六）　生产运行单位

（1）电气、热控装置的保护定值清单不齐全，继电保护定值单审批手续不规范或定值清单未正式发布。

（2）除厂用电系统反事故措施以外，其他专业的反事故措施均未发布实施。

（3）各类运行记录不完善。

二、　要因分析及建议

（一）　要因分析

1. 建设单位

（1）整套启动前应完成的施工、调试工作未能彻底办理验收工作。

（2）整套启动方案等管理性文件编制不够规范。

（3）现场的各项检查和交底工作、不符合项关闭工作不够完善。

（4）尚未达到本阶段监督检查应具备的条件，为了完成上级主管单位下达的基建任务或工程建设责任制目标，建设单位提前申报质量监督检查。

（5）对消防设施验收程序不清晰，未聘请消防检测单位进行消防设施验收的评估检测。

（6）对工程档案管理不够重视，档案管理力量薄弱，项目文件和档案整理不规范，整改工作量大。

2. 设计单位

（1）设计单位普遍存在不太重视现场管理工作情况，在现场的管理工作人员派遣往往不能满足现场的需要。形成的项目文件编、审、批手续不完备，形成的记录不完整。

（2）工代在现场的不稳定性及不延续性，导致部分工代服务材料未形成或对现场的问题未形成分析记录。

（3）任命的项目总设计师不驻现场，对现场情况不甚了解，以为编写的工程设计总结就等同于工程质量检查报告。

（4）各专业设计质量检查的问题汇总、处理意见及整改闭环文件不齐全。

3. 监理单位

（1）监理人员项目文件审查不严格，把关不细，导致各类质量记录填写不完整或填写错误。

（2）监理人员配置不能满足现场需要，现场质量验收、检查工作滞后。

（3）监理人员利用社会资源较多，与企业管理工作有脱钩现象，个别监理工程师在现场工作不够认真负责，导致存在若干项目文件签字不完整或监理意见代签字现象。

（4）对不符合项、整改闭环确认文件及台账编制要求不明，监理人员业务素质不高，国家标准掌握深度、广度不够。

（5）不符合项的整改未及时完成，监管不到位。

（6）一些项目任命的总监理工程师其实是因为标准规定需要有注册监理师而虚设的。现场管理的总监理工程师代表无注册证，业务水平达不到规范要求，随意签字，把关不严。

（7）重大施工方案、施工组织设计、单位工程开工报告、竣工验收项目总监理工程师未签字。

4. 施工单位

（1）施工单位现场管理人员重现场，不重视项目文件的形成和编制工作，导致现场完成了工作，但未形成相关的记录和试验报告。

（2）形成的项目文件未履行编、审、批手续，签章不完备，导致存在无效文件。

（3）整套启动前应完成的单位工程质量验收报审滞后。

（4）各类问题、缺陷整改不及时或整改后未形成记录，未编制台账。

（5）试运结束办理移交生产交接手续后，施工单位项目经理和管理人员就奔赴新的项目了，只留下少数人员在本项目上整改缺陷，验收因此拖延。

（6）建设单位对工程档案管理不够重视，未编制颁发档案整理细则，同时因项目文件内容不规范，需要整改，而影响了档案整理。

5. 调试单位

（1）调试单位现场工作工期短，专业性强，人员比较紧张，还存在分系统调试外委的情况，工程质量管理工作比较薄弱。

（2）调试单位人员不够重视项目文件的形成，认为是本单位的知识产权，提交的措施报告往往比较简单，数据的对应性、关联性比较差，调试交底不够认真。

（3）整套启动调试验收工作滞后。

（4）强制性条文检查没有考虑可追溯性。

（5）DL/T 5295—2014《火力发电建设工程机组调试质量验收及评价规程》所列验收评价工作形成的文件在 DL/T 241—2012《火电建设项目文件收集及档案整理规范》中未列入归档范围。

6. 生产运行单位

（1）生产准备工作与基建工作开展不同步，启动后调试档案整理移交不规范。

（2）不重视现场标识和隔离工作。

（3）对方案措施审查不认真，未提出内容的修改，项目文件编制比较随意，签章不全，部分为无效文件。

（4）反事故措施及应急预案往往只有电子版，未及时发布实施。

（二）建议

1. 建设单位

（1）参照达标投产验收标准，机组整套启动应具备的条件和试运行前应完成的施工、调试项目验收文件应齐全。

（2）各阶段质量监督检查提出的限期整改意见应落实并闭环。

（3）移交试生产交接中提出需要整改的缺陷（遗留问题）应闭环。

（4）整套启动的消防验收文件应齐全。

（5）锅炉、压力容器、压力管道、电梯、起重机械等特种设备应组织完成验收检测报告并取得合格使用证。

2. 设计单位

（1）设计单位及时对现场存在的问题进行分析，形成设计质量检查记录。

（2）保持工代服务人员的工作连续性，形成完整的现场工代服务报告、备忘录等。

（3）对设计变更情况做出汇总，并编制设计变更一览表。

3. 监理单位

（1）监理人员的配备数量和质量与招投标时承诺相符，质量验收工作应与现场同步。

（2）严格执行监理规范，对各参建单位形成的项目文件进行认真审查，填写准确意见。

（3）对本单位形成的项目文件认真编制和形成执行记录，签章手续完备。

（4）监理工作形成应移交文件收集齐全，自查合格。

（5）试运指挥部统筹加强缺陷记录与闭环确认管理，并要求与台账对应、可追溯。

（6）依据《建设工程监理规范》完成监理档案移交签证。

（7）完成竣工档案审查意见及签署。

（8）整套启动期间主要不符合项应整改闭环，验收合格。

（9）明确工程质量验收结论。

4. 施工单位

（1）完善施工缺陷管理台账，对各类问题及时整改闭环，形成记录。

（2）施工项目文件编制、填写完整、准确，签章完备。

（3）现场质量验收工作与现场施工同步完成。

（4）竣工文件收集齐全，自查合格，提交监理审查。

（5）完成竣工档案案卷目录、卷内目录和移交签证。

5. 调试单位

（1）完善调试现场的基础性管理工作，如计量器具管理、制度管理、人员管理等。

（2）形成规范的调试记录、文件。

（3）外委调试工作的项目，合同调试单位必须管理分包商的资质和调试质量，并向监理、建设单位报外委单位的资质及人员资格审查并备案。

（4）调试验收工作应与现场同步完成，应形成相应的记录。

6. 生产运行单位

生产人员在主要设备安装、系统整体调试、分部试运期间应提前介入熟悉设备和系统。

三、 质量风险预控要点

（一） 建设单位

（1）机组整套启动试运前的施工建安单位工程质量验收汇总表齐全；调试单位各专业分系统试运签证规范。

（2）各阶段监督检查整改台账中整改项已闭环；整套启动试运期间主要不符合项已整改闭环。

（3）强制性条文执行汇总表与强制性条文核查表相符，签字、盖章完备。

（4）本阶段监督检查整改意见已整改闭环。

（5）组织消防设施的评估检测验收，及时申报消防部门验收或备案。

（6）锅炉、压力容器、起吊设备及电梯等特种设备安装投运前的地方特种设备主管单位的检测报告已完成并取得使用证。

（7）组织编制并确认尾工清单和未完项目的清单。

（8）组织完成工程环保、水保、安全设施、档案等专项验收。

（二）设计单位

（1）工代备忘录中施工质量问题处理描述清晰。

（2）设计变更文件汇总清单经审批。

（3）已办理竣工图移交签证。

（4）完成工程设计质量检查报告，并确认工程质量已达到设计要求。

（三）监理单位

（1）审查施工、调试质量验收汇总表，内容与验收范围划分表对应、相符，签字日期完整。

（2）监理工程师已对施工和分部试运过程中不符合项台账与消缺记录签字确认。

（3）设立设备质量问题及处理记录台账，记录要素应包括质量问题、发现时间、责任单位、整改要求、闭环文件、完成时间等。

（四）施工单位

（1）设立施工验收不符合项台账与质量问题台账，并整改闭环。

（2）单体调试质量验收记录和质量验收签证齐全；单机调试质量验收记录和质量验收签证齐全、完整，签章完备。

（3）设立分部试运不符合项台账与质量问题台账，并整改闭环。

（4）工程建设标准强制性条文执行记录齐全，与强制性条文执行计划相符，与工程进度同步。

（5）移交生产交接后，应按建设单位下达的缺陷整改计划实施、检查、验收。

（五）　调试单位

（1）强制性条文执行计划和执行记录相符，执行记录的"相关资料"填写可追溯。

（2）各专业分系统调试单位工程质量验收表、单项工程质量验收汇总表齐全，调试项目与调试方案、大纲、调试验收划分表一致，调试、施工、监理、建设、生产单位专业工程师已签字；各类试验报告齐全且签章有效。

（3）整套启动运行措施交底记录填写完整，签字有效。

（4）已完成竣工档案移交签证。

（六）　生产运行单位

（1）电气装置、热控装置的保护定值清单内容完整，审批手续齐全。

（2）设备、系统、区域标识验收记录表内容完整，验收人已签字。

（3）反事故措施已审批，记录内容完整，签章完备。

（4）依据 DL/T 241—2012《火电建设项目文件收集及档案整理规范》标准，收集、整理竣工验收阶段形成的文件并进行归档；对验收并接收的工程档案进行入库整理，编制检索工具。

（5）运行人员已持证上岗，人员数量满足生产要求。

（6）各类标准、制度、应急预案等及时以有效文件形式发布实施。

（7）试运期间设备消缺记录齐全，重大（非停）设备问题均已处理闭环。

第二章 土建专业（输变电工程通用部分）

在电力建设施工中，土建专业的特点十分突出，周期长、工序多、细节繁多工种协同作业，要求组织管理严谨、工艺控制严格。本章通过对土建工程地基基础、上部结构、装饰装修和建筑设备安装阶段，以及施工作业过程中关键工序、重要部位、主要检测试验等方面存在的质量问题进行分析，提出质量风险预控要点。

第一节 施 工 测 量

一、 常见质量问题

（1）建设单位未向施工单位书面移交测量控制基准点和施工测量工作要求。

（2）施工单位未对基准点进行校核，复测结果未整理、报验、发布。

（3）施工期间施工测量控制点稳定性检测间隔时间超过 6 个月。

（4）测量施工方案内容编写不完整。

（5）测量控制点未标识、防护栏损坏等。

（6）建（构）筑物定位放线验收记录中未填写测量偏差数值。

（7）计量器具未经检定或超出检定有效期。

（8）变形观测记录未按规范要求填写，观测仪器精度不满足规范规定，勘察、设计、监理单位未对观测成果报告签署意见。

（9）沉降观测点被遮挡或损坏时未及时处理，继续进行观测。

（10）沉降观测单位资质不符合《测绘资质管理规定》（国测管字〔2009〕13 号）规定。

二、 要因分析及建议

（一）要因分析

（1）施工、监理单位未安排测量工程师负责施工测量和管理工作。

（2）测量方案编制时没有依据规范要求和现场实际情况编写，内容不完整；监理、建设单位审核把关不严。

（3）控制点测量定位验收记录由资料员填报，填写内容未经测量工程师审核，不能真实反应测量误差。

（4）测量控制点无专人巡检、复测、维护。

（5）计量器具管理人员兼职工作较多，未能将计量器具管理工作落到实处。

（二）建议

（1）施工和运行期间，建（构）筑物变形观测工作宜由建设单位委托具有相应资质的测绘单位进行。合同中应按规范规定明确具体要求。

（2）设计、监理单位应参与测绘单位编制的变形观测方案的审核工作。

三、质量风险预控要点

（1）基准点和厂区控制点应定期复测，多标段同时施工时建设单位应指定基准点管理责任单位，复测成果应公布。

（2）施工测量方案编写内容应完整。

（3）基准点和厂区控制点标识应清晰，防护措施应有效。

（4）厂区控制点测量验收记录内容应能真实反映实际情况。

（5）建（构）筑物定位放线验收记录应由测量工程师填写。

（6）变形观测频次和记录应符合设计要求和规范规定，施工阶段和运行阶段的变形记录应具有连续性。

第二节　地　基　与　桩　基

地基与桩基施工为隐蔽工程。工程检测与质量见证试验的结果具有重要的影响，做好施工过程控制、记录、检查、检测试验、质量验收、及时消除缺陷等工作极为重要。

一、常见质量问题

（1）施工前施工单位未依据设计要求进行试验性施工、检测，未确定施工工艺参数和施工方法。

（2）钢筋混凝土灌注桩成孔、清渣、钢筋笼焊接成形与安放及水下浇筑混凝土等作业未严格按照规范要求进行控制。

（3）预制桩焊接接头未进行抽样检测，未严格控制标高和贯入度。

（4）换填、夯实地基回填土料控制不严格，未做到分层压实、分层取样，试验检测数量不符合规范规定。

（5）勘测设计单位未在地基验槽隐蔽验收记录中签署具体意见、签证和盖章。

（6）未做施工记录或记录不完整，缺少验槽重点控制要素。

（7）桩基检测方法、数量和受检桩选取不符合设计要求和规范规定。

（8）设计单位未参加基桩检测方法、数量和受检桩选取定位工作，未进行基桩检测结果与设计要求符合性检查与评价。

（9）质量验收记录与施工记录不相符。

（10）施工单位未办理桩基与基础施工交接或工序交接，记录内容不完整。

二、要因分析及建议

（一）要因分析

（1）施工单位质量控制管理松懈，作业人员责任心不强。

（2）施工图中地基处理、基桩检测要求不清晰。

（3）因各种原因未按规范要求进行单桩竖向抗压、抗拔和水平静载试验检测。

（4）地基处理分层取样试验检验数量不符合规范规定。

（5）勘察、设计工代长期不在施工现场。

（6）监理工程师旁站、检查工作不到位。

（二）建议

（1）地基与桩基施工前宜通过试验性施工和检测确定施工用机械、作业步骤和工艺参数。

（2）换填垫层施工质量检验应分层进行，并经监理确认。每层的压实系数符合设计要求后方可进行上层铺填施工。

（3）严格控制堆载预压加载速率，加载过程中应满足地基承载力和稳定控制要求，并应考虑预压施工对相邻建筑物、地下管线等产生附加沉降的影响。

（4）复合地基和基桩检测方法、数量和受检桩桩位选取应符合设计要求和规范规定，现场条件受限需改变时，应事先取得设计认可文件。

三、质量风险预控要点

（1）基桩检测方法、检测数量和受检桩的选取定位应通过专题会讨论确定，会议应由桩基检测、监理、勘察设计及施工单位相关人员参加。

（2）桩基检测区域划分宜与单位工程划分相吻合。

（3）设计工代应常驻施工现场指导工作。

（4）监理工程师应加强现场旁站、监督检查力度。

第三节　基坑开挖与回填

基础开挖方案与基坑周边环境、水文地质情况、开挖深度和方式等因素密切相关。因此，基坑开挖施工前要分析工程现场的工程水文地质条件、邻近地下管线、周围建（构）筑物及地下障碍物等情况。对邻近的地下管线及建（构）筑物应采取相应的保护措施，边坡、基坑及被保护对象变形观测符合设计要求；对开挖深度超过5m和需要边坡支护的基坑开挖安全专项施工方案应经过专家论证。防止边坡坍塌造成质量和安全事故。

一、常见质量问题

（1）基坑开挖方案编制前未根据施工图确定基础分区域施工顺序，未收集和分析工程地质、水文地质、气象资料，未查明基坑周边环境及确定基坑安全等级。

（2）基坑、地基、基础及边坡施工过程中未控制地下水、地表水和潮汛等的影响。

（3）施工中遇有文物、古迹遗址等，未立即停止施工并上报有关部门。

（4）开挖深度超过3m的基坑开挖安全专项施工方案中缺少边坡稳定性计算等重要内容。

（5）三级以上安全等级边坡和基坑支护由施工单位自行设计，其不具备相应资质。

（6）开挖顺序、分层开挖厚度未按照施工方案要求执行。

（7）临边护栏、垂直通道、警示标志等安全设施不齐全。

（8）危险性较大的分部分项工程安全专项施工方案经专家论证后，未按照专家意见书进行修改、完善。

（9）边坡防护、变形监测和应急预案措施未落实到位。

（10）基坑回填压实系数分层抽检数量不符合规范规定。

二、 要因分析及建议

（一） 要因分析

（1）施工单位简单套用类似工程的施工方案，缺少边坡稳定性验算和降水计算。

（2）基坑开挖时开挖顺序、边坡坡度控制不严格，施工过程中边坡变形监测工作未派专人负责。

（3）基坑排水不及时，基坑底部存在积水现象。

（4）基坑回填土压实质量控制工作不严格。

（二） 建议

（1）编制基坑开挖施工方案时应查明周边环境，收集和分析工程地质、水文地质、气象资料，确定基坑安全等级。

（2）施工方案中边坡稳定性验算、降水方法和计算应根据现场实际情况进行。

（3）基础施工阶段应加强基坑排水和边坡变形监测工作。

三、 质量风险预控要点

（1）在有地上或地下管线及构筑物的地段进行土方与爆破工程施工时，建设单位应事先取得相关管理部门或单位的同意，并在施工中采取保护措施。

（2）在施工区域内，有碍施工的既有建（构）筑物、道路、管线、沟渠、塘堰、墓穴、树木等，应在施工前由建设单位妥善处理。

（3）基坑开挖方案编制前应根据施工图确定基础分层分段施工顺序，收集和分析工程地质、水文地质、气象资料，查明基坑周边环境［邻近基坑场地内建（构）筑物、地下管线、障碍物等］情况。

（4）三级以上安全等级边坡和基坑支护施工前，应由具有相应资质单位进行边坡及基坑支护设计。

（5）超过一定规模的危险性较大的分部分项工程安全专项施工方案应经专家论证，专家组组成严格按《危险性较大的分部分项工程安全管理办法》（建质〔2009〕87号）的规定，项目参建各方的现场人员不得以专家身份参加专家认证会。

（6）基坑周边和放坡平台上的施工荷载应按边坡稳定性计算设定的数值进行控制。

（7）基坑、管沟边沿及边坡等危险地段施工时，应设置安全防护栏和明显警示标志。夜间施工时，现场照明条件应满足施工要求。

（8）应及时排除基坑积水，加强边坡变形观测。

第四节 原材料、半成品、加工件进场

《建设工程质量管理条例》第二十九条规定：施工单位必须按照工程设计要求、施工技术标准和合同约定，对建筑材料、建筑构配件、设备和商

品混凝土进行检验，检验应当有书面记录和专人签字。未经检验或者检验不合格的，不得使用。各参建单位应严肃认真地做好原材料、半成品、加工件采购、进场报验、检验试验、保管和发放、使用工作。

一、 常见质量问题

（1）长期处于潮湿环境的重要混凝土结构所用的砂、石未进行碱活性检验。

（2）混凝土抗冻等级 F100 及以上混凝土用骨料未进行坚固性检验。

（3）混凝土用水未经检验或检测项目不完整，未定期复检。

（4）未进行水泥 28 天强度检验试验，大体积混凝土用水泥未进行水泥水化热检验试验。

（5）原材料进场时出厂质量证明文件不齐全或文件资料存在过期、缺少印章等现象。

（6）原材料进场后未经过检查验收和报验；见证取样复检试验项目不完整，不符合规范规定。

（7）见证取样台账记录不齐全。

（8）半成品、加工件进场后未提供出厂质量证明文件，未进行外观检查和报验。

（9）钢筋、水泥等原材料跟踪管理台账记录不完整，缺乏可追溯性。

（10）设计施工图中防水、防腐和装饰性等材料缺少具体的性能指标和要求。

（11）报验资料不完整或有误，监理单位审核时未提出整改意见。

二、 要因分析及建议

（一）要因分析

（1）施工单位对原材料进场质量检验的重要性认识不足，未严格执行《建设工程质量管理条例》第二十九条款规定。

（2）设计单位未严格执行《建设工程质量管理条例》第二十二条款规

定：设计单位在设计文件中选用的建筑材料、建筑构配件和设备应当注明规格、型号、性能等技术指标，其质量要求必须符合国家规定的现行标准。

（3）监理单位检查工作不到位。

（4）未对建筑材料、建筑构配件、设备生产单位的产品质量进行严格控制，低价劣质产品流入现场使用。

（二）建议

（1）工程开工前应编制原材料进场检验试验计划，报建设、监理单位审核并在过程中严格执行。

（2）建筑材料质量应从源头抓起，性能指标不符合国家标准要求的材料严禁进入市场销售。

（3）监理单位人员应加强进场材料外观检查、见证取样、保管、标识和对见证取样试验报告检测结果的审查，不符合标准要求的不应签字放行并监督撤出现场。

（4）施工单位应严格控制分包单位、建设单位采购的建筑材料的进场检验工作，漏检或不合格材料用于工程时应承担相应责任。

三、 质量风险预控要点

（1）原材料进场报验记录、签证应完整。

（2）原材料出厂质量证明文件齐全、有效。

（3）主要原材料进场见证取样管理台账中进货批次、数量与取样数量等要素应完整。

（4）见证取样复试报告中性能检验试验项目应完整，性能指标检验结果应符合规范规定。

（5）主要原材料跟踪管理台账应具有可追溯性。

（6）现场查看原材料贮存、保管、标识等状态。

第五节　钢筋混凝土结构施工

电力工程混凝土结构普遍存在体形复杂、构件大、高度跨度大、地基情况复杂、交叉作业多、高处作业危险性大等特点。施工过程中质量控制难度较大，因此，施工单位、监理单位必须严格控制每一道工序质量，避免造成影响钢筋混凝土结构性能、使用功能和使用寿命的缺陷。超过一定规模的危险性较大的混凝土模板支架工程专项方案应严格按《危险性较大的分部分项工程安全管理办法》（建质〔2009〕87号）的规定进行专家评审。

一、 常见质量问题

（一） 混凝土生产质量

1. 现场混凝土搅拌站

（1）砂石料仓场地未硬化、有积水，砂石料混仓、无标识，缺少防尘、遮雨措施。

（2）水泥罐未清仓，未按不同生产厂家分开存放。

（3）称量装置用计量器具未经检定或超出检定有效期，未列入计量器具管理台账统一管理。

（4）工作台班开始前未进行计量设备零点校准工作或缺少校准记录。

（5）混凝土材料中最大氯离子含量和最大总碱含量未按 GB 50204—2015《混凝土结构工程施工质量验收规范》的规定进行检验和计算。

2. 商品混凝土供应

（1）商品混凝土供应单位资质文件未报审。

（2）供应单位未按照合同要求提供混凝土原材料性能检验报告。

（3）混凝土交货性能检验和坍落度检验取样频率不符合规范规定。

（4）供应单位未提供混凝土质量评定报告。

（二） 钢筋制作、 加工与安装

（1）钢筋进场后未进行重量偏差检验。

（2）钢筋未分类堆放、标识，未采取防雨、防锈蚀措施。

（3）焊工未在考试合格证规定的范围内实施焊接工作。

（4）焊工未经焊接工艺试验便进行现场焊接工作。

（5）焊工合格证发放时间超过两年未及时进行复试。

（6）持证上岗焊工数量无法满足现场施工需要。

（7）钢筋机械连接接头用套筒出厂质量证明文件中缺少产品型式检验报告或型式检验报告已过期。

（8）钢筋机械连接接头加工与安装前操作人员未经培训、未按不同生产厂家分别进行工艺检验。

（9）钢筋机械连接接头未采用带锯、砂轮锯或带圆弧形刀片的专用钢筋切断机切断钢筋，端部存在不平整、马蹄口等影响丝头加工质量的缺陷。

（10）接头加工后丝头长度长短不一，未用量规进行检验和报验，未安装防护帽。

（11）接头安装后未用扭力扳手校核、拧紧扭矩或未配置扭力扳手。

（12）接头安装后套筒两端外露螺纹数量不一致，超过或达不到2p。

（13）钢筋接头位置和箍筋、拉筋弯钩不符合规范规定。

（14）钢筋安装绑扎固定不牢固、间距偏差超标。

（15）主筋保护层垫块/卡箍数量偏少，固定不可靠。

（16）钢筋跟踪管理台账记录内容不完整。

（三）模板安装

（1）模板支撑架专项方案中进行支撑架计算时建模、计算参数、计算公式选用有误。

（2）超过一定规模的模板支撑架专项方案未经专家论证或未按照专家意见书进行修改、完善。支撑架搭设后未经验收便开始模板安装工作。

（3）模板在现场配制、安装，尺寸偏差超标，拼缝无规则、不平整。隔离剂涂刷不均匀。

（4）侧模支撑系统设置不合理、不稳固。

（5）地下结构或蓄水池侧壁模板对拉螺栓未加设止水片和堵头。

（6）预埋件安装位置偏差大、固定不牢固。

（7）直埋螺栓埋固定支撑架设置不合理、不牢固。

（8）模板安装前钢筋安装未经隐蔽验收，保护层垫块安装固定不到位。

（9）混凝土浇筑前模板内垃圾、杂物清理不干净，混凝土浇筑前模板未浇水湿润。

（10）混凝土浇筑时未对模板和支撑架变形情况进行监控。

（11）混凝土浇筑后未控制拆模时间。

（四）混凝土浇筑与养护

（1）未控制混凝土坍落度和初凝时间。

（2）因浇筑顺序不当形成冷缝。

（3）振捣方法不正确，出现欠振、过振、钢筋和预埋件位置偏移等现象。

（4）落料高度大于 2m 时未采取防止混凝土离析措施。

（5）混凝土振捣时泌水未及时排除。

（6）深梁、截面尺寸较大的柱或大体积混凝土未进行二次振捣。

（7）混凝土表面未清除浮浆和进行二次压实处理。

（8）未及时取样制作混凝土标准和同条件养护试块，取样数量不符合规范规定。

（9）混凝土终凝后未及时进行养护，养护期不符合规范规定。

（10）大体积混凝土测温点设置不当，未派专人进行测温记录，未按照温差情况及时调整养护措施。

（11）楼面混凝土未达到终凝或未达到规范要求强度便开始堆载，进行上层施工。

二、要因分析及建议

（一）混凝土生产质量

1. 要因分析

（1）现场混凝土搅拌站场地偏小，施工平面布置时存在缺陷。

（2）项目负责人未重视混凝土搅拌站建站工作。

（3）质量管理部门对搅拌站生产、供应情况管理力度不足。

（4）存在"商品混凝土质量控制由供应商负责"的思维方式。

（5）注重交货单收集与结账，忽视交货检验和商品混凝土跟踪台账的管理。

2. 建议

（1）项目部质量管理部门应加强混凝土搅拌站日常管理检查工作。

（2）现场材料试验人员应指导混凝土搅拌站做好计量设备校准、配合比输入、出机混凝土取样检验工作。

（3）制定商品混凝土质量控制管理程序文件，做好交货取样检验和供应商提供的出厂合格证、配合比、材料检验试验报告等出厂质量证明文件收集、整理工作。

（4）项目部与商品混凝土供应商签订合同时，应明确技术要求和应提供的出厂质量证明文件。

（二）钢筋制作、加工与安装

1. 要因分析

（1）钢筋加工场未安排专人进行管理、作业班组统一规范管理。

（2）作业层松散，班组管理缺失，质量、安全意识淡薄。

（3）部分焊工焊前未进行焊接工艺试验。

（4）钢筋机械连接接头加工人员未经培训。

（5）钢筋翻样人员对钢筋下料、制作成形构造要求不熟悉。

2. 建议

（1）钢筋制作加工宜实行统一管理、统一加工。

（2）加强钢筋翻样人员培训，翻样人员应深入现场指导钢筋安装绑扎工作。

（3）监理工程师应对钢筋制作加工、安装绑扎过程进行跟踪检查，及时指正。

（三） 模板安装

1. 要因分析

（1）没有进行模板翻样工作，现场就地制作加工。

（2）作业人员技能不能满足施工要求。

（3）作业层松散，班组管理缺失，质量、安全意识淡薄。

（4）监理检查工作不到位。

2. 建议

（1）模板应在加工场制作加工，现场安装。

（2）模板安装前钢筋隐蔽验收检查出的问题应整改结束，隐蔽验收记录签证已完成。

（3）超过一定规模的危险性较大的混凝土模板支撑架检查验收合格后，方能进行模板安装工作。

（4）侧模板支撑系统应具有足够的刚度。

（四） 混凝土浇筑与养护

1. 要因分析

（1）混凝土浇筑方法技术交底不到位，要求不清晰。

（2）作业人员技能不能满足要求。

（3）作业层松散，班组管理缺失，质量、安全意识淡薄。

（4）混凝土养护措施落实不到位，未检查及时纠偏。

（5）监理单位人员检查工作不到位。

2. 建议

（1）梁、板、柱同时浇筑前应统筹考虑落料点、浇筑顺序、浇筑量等要素，合理配置作业人员和振捣器具，保重混凝土连续浇灌。

（2）大体积混凝土浇筑前，检查各项工作应准备就绪，混凝土搅拌站和运输车辆、混凝土泵车等机械机况应良好，备用机械已到位。

（3）混凝土浇筑过程中应及时检测坍落度、入模温度，并取样制作混凝土强度试块。

（4）混凝土浇筑时应安排钢筋工、木工跟班检查，及时对钢筋位置、模板和预埋件变位进行修整和加固。

（5）应安排专人进行混凝土养护工作。

三、 质量风险预控要点

（一） 混凝土生产质量

（1）现场混凝土搅拌站砂石料、水泥、外加剂等存放符合规范要求，外观质量良好。

（2）混凝土搅拌站计量器具检定标识、计量设备校准记录和设备维护保养记录齐全。

（3）混凝土搅拌站冲洗沉淀池、冲洗水排放等设施应满足绿色施工要求。

（4）商品混凝土出厂质量证明文件齐全。

（5）设立商品混凝土跟踪管理台账，核对交货取样检验数量和混凝土性能检验报告。

（二） 钢筋制作、 加工与安装

（1）钢筋进场报验记录、签证完整。

（2）钢筋出厂质量证明文件齐全、有效。

（3）设立钢筋进场见证取样台账，核对进货批次、数量与取样数量。

（4）复试报告中性能指标检验结果应符合规范规定。

（5）设立钢筋跟踪管理台账记录并可追溯。

（6）钢筋焊接或机械连接接头取样检验试验报告和钢筋隐蔽验收记录齐全、有效。

（7）钢筋加工场贮存、保管、标识等状态良好。

（8）钢筋焊接或机械连接接头外观质量良好，抽检检测和质量验收记录齐全。

（9）钢筋安装间距、绑扎固定和保护层垫块安放等符合规范规定。

（10）钢筋代换时，应办理设计变更文件。

（三）模板安装

（1）模板支撑架施工专项方案，重点关注支撑架计算时建模、计算参数、计算公式选用应符合规范规定。

（2）超过一定规模的危险性较大的混凝土模板支架工程的专项方案必须经专家论证，应按照专家意见书进行修改、完善。支撑架搭设后应进行验收并悬挂验收标识牌。

（3）监理单位应加强检查工作力度。

（4）应进行模板翻样工作，模板制作应在加工场进行。

（5）拆模时间应根据气候条件、结构形式和同条件养护试块强度确定。

（四）混凝土浇筑与养护

（1）混凝土浇筑量、生产和运输能力、浇筑顺序、取样数量、振捣和养护要求等应在混凝土浇筑前进行全员交底。

（2）浇筑过程中应进行跟踪检查，及时纠偏。

（3）做好浇筑、测温与养护施工记录。

（4）混凝土浇筑记录和大体积混凝土测温记录齐全、有效。

（5）混凝土标准养护强度和抗渗、抗冻性能指标试验报告齐全。

（6）同条件养护试块温度记录齐全。

（7）施工缝处理和混凝土表面缺陷符合规范规定。

第六节 钢结构施工

钢结构一般情况下委托工厂进行二次细化设计、加工制作和安装，不能以包代管放松质量控制。应加强钢结构构件进场检查验收和现场拼装、起吊、就位、找正、变形等检查验收工作。

一、 常见质量问题

（1）二次设计细化图未经设计审核认可、加盖印章。

（2）委托加工单位资质文件未报监理、建设单位审批。

（3）加工件出厂时，提供的合格证未加盖印章，出厂质量证明文件不完整，未提供钢材、焊材和防腐涂料的第三方检验试验报告。

（4）加工件进场后未进行外观质量检查验收。

（5）施工现场焊接材料未报验，二级拼装焊缝未进行抽样无损探伤检测。

（6）高强度螺栓进场后未进行扭矩系数、摩擦面抗滑移系数检测试验。

（7）高强度螺栓连接副紧固力矩记录中缺少力矩扳手编号、力矩校验等要素。

（8）输煤栈桥钢桁架以及网架等钢结构现场拼装、就位找正后未测量变形和就位偏差，未及时组织验收。

（9）未对镀层厚度和防腐、防火涂层厚度进行检测。

（10）防火涂料进场后，未对耐火等级等性能指标进行抽样检测。

（11）结构件安装就位后临时支撑不稳固、不可靠。

（12）室外钢直梯制作、安装不符合 GB 4053.1—2009《固定式钢梯及平台安全要求 第 1 部分：钢直梯》规定。

（13）超过一定规模的钢结构安装专项方案未经专家论证或未按照专家意见书进行修改、完善。

二、 要因分析及建议

（一）要因分析

（1）特种作业人员未持证上岗或特种作业人员数量不能满足施工需要。

（2）作业人员技能不能满足施工要求。

（3）作业层松散，班组管理缺失，质量、安全意识淡薄。

（4）钢结构制作、安装分包给专业队伍施工，以包代管，质量管理及质量验收处于失控状态。

(5) 监理单位检查工作不到位。

(6) 通道、作业平台等安全设施设置不合理，作业人员操作困难。

（二）建议

(1) 钢结构施工图设计深度应满足制作、加工和安装要求，如需细化或二次设计必须由原设计单位确认。

(2) 对加工单位制作过程中进行中间抽查验证和试拼装验收。

(3) 加工单位交付加工件时，应同时提交出厂合格证，以及材料出厂质量证明文件和检验试验报告、焊缝检测报告、防腐涂层检测报告等完整的质量证明文件。

(4) 钢结构安装时应形成稳定的结构单元或采取有效的临时支撑措施。

三、 质量风险预控要点

(1) 钢结构二次设计施工图应经原设计单位确认、签章。

(2) 钢材、焊接材料、防腐防火材料出厂质量证明文件和进场检验、复试报告齐全、有效。

(3) 高强螺栓扭矩系数、摩擦面抗滑移系数检测试验报告和拧紧复验验收记录齐全、有效。

(4) 现场拼装、就位找正测量变形和就位偏差验收记录齐全、有效。

(5) 焊缝检测试验报告齐全、有效。

(6) 防腐、防火涂层厚度检测和黏结强度检测试验报告齐全、有效。

(7) 已安装钢结构杆件变形、连接节点焊接后高强度螺栓紧固、防腐涂层外观质量符合规范规定。

第七节 砌 体 工 程

墙面一旦出现裂缝、渗漏，直接影响到装饰装修质量和建筑物使用功能。因此，砌体工程应严格控制原材料、砌筑质量，构造要求、防裂措施应符合设计和规范规定。

一、 常见质量问题

（1）砌筑砂浆未采用计量器具按配合比称量，凭经验配料，未按规范规定取样进行砂浆强度检验试验。未进行砌筑砂浆强度评定。

（2）水泥进场后缺少出厂合格证或未报验、未进行见证取样检验。

（3）采用化学植筋连接方式的拉结筋未进行实体拉拔试验检测或检测数量不符合规范规定。

（4）墙体组砌时灰缝厚度不一致、不饱满，存在砌块搭砌长度小、透明缝、瞎缝等现象。

（5）门窗框处未预埋用于固定门窗框的混凝土预制块。

（6）填充墙与框架梁下口斜砌块砂浆不饱满，存在透明缝。

（7）构造柱和梁布设不满足抗震设计要求，窗间墙小于360mm时未采用混凝土结构。

（8）检验批隐蔽验收、质量验收记录中未填写实测数值。

（9）缺少钢筋混凝土结构与砌体工程的中间验收记录。

（10）墙体局部存在裂缝。

二、 要因分析及建议

（一） 要因分析

（1）混凝土空心砌块、蒸压加气混凝土砌块等地材生产厂生产能力和产品质量不佳。

（2）管理人员责任心不强，技术交底不到位，要求不清晰。

（3）作业人员技能不能满足施工要求。

（4）作业层松散，班组管理缺失，质量、安全意识淡薄。

（5）监理检查工作不到位。

（6）混凝土空心砌块、蒸压加气混凝土等砌块产品使用前龄期未达到28天。

（7）填充墙与承重主体结构间的空隙部位斜砌块与填充墙墙体同时砌筑，停置时间未达到 14 天。

（二）建议

（1）混凝土空心砌块、蒸压加气混凝土砌块等宜提前采购进场。

（2）填充墙与承重主体结构间的空隙部位斜砌块不应与下部墙体同时砌筑。

（3）蒸压加气混凝土砌块砌筑宜采用专用砂浆。

（4）暗埋的照明管线应在墙体砌筑时同时埋设。

三、质量风险预控要点

（1）混凝土空心砌块、蒸压加气混凝土砌块、砌筑砂浆用水泥等材料出厂质量证明文件和见证取样复试报告齐全、有效。

（2）化学植筋连接方式的拉结筋实体拉拔试验检测报告齐全、有效。

（3）砌筑砂浆强度检测试验报告齐全、有效。

（4）砌体组砌符合规范规定。

（5）检验批隐蔽验收、质量验收记录齐全、有效。

第八节　装饰装修施工

装饰装修质量直接影响到建（构）筑物使用功能，其特点是工艺要求高、作业层次多、施工期较长。电力工程项目装饰装修施工作业基本安排在设备进入试运调试阶段进行，交叉施工、见缝插针抢时间、简化作业、作业人员技能不能满足工艺质量要求，临时聘用质量意识淡薄等情况，直接导致了装饰装修质量难以控制。

一、常见质量问题

（一）楼地面、屋面工程

（1）混凝土楼板、屋面板出现明显或隐性裂隙，板底部有不规则纹理渗水痕迹，其功能和耐久性受损。

（2）彩钢屋面板与天沟交接处伸出长度不满足规范规定，封闭不严密。

（3）厕浴间和有防水要求的楼板四周未做混凝土反沿或反沿高度不足200mm。

（4）厕浴间、厨房和有排水要求的建筑地面标高未低于相邻地面。

（5）厕浴间和有防滑要求的建筑地面未采用防滑面砖铺贴。

（6）屋面、楼面工程隐蔽验收不规范，未分层进行隐蔽验收。淋水、蓄水试验记录与实际不符。

（7）屋面、楼（地）面的主要原材料质量证明文件不齐全，防水材料、不发火（防爆）材料等进场未进行复试检验。

（8）卫生间地面防水层施工质量不合格，出现楼面、墙体渗漏返碱，装饰涂料面层起皮脱落现象。

（9）屋面卷材防水、泛水高度小于250mm；收边处无凹槽或金属压条；卷材防水层粘贴搭接宽度小于80mm，屋面工程竣工后存在积水痕迹。

（二）门窗工程

（1）外门窗未进行物理性能检测或未按设计要求项目检测，未做保温性能、采光性能、空气声隔声性能、遮阳性能等检测。

（2）未对人造木板门甲醛含量进行检测。

（3）铝合金门窗主型材壁厚缺少计算文件，门、窗主型材和主要受力部位基材截面壁厚未检验。

（4）平开窗滑撑未使用不锈钢材质螺钉紧固，建筑金属门窗与墙体交接处未做严密性充填及封胶，螺钉与框扇连接处未进行防水密封处理。

（5）铝合金（塑钢）推拉门、窗未安装防止从室外拆卸和防脱落装置。

（6）未提供安全玻璃出厂质量证明文件或安全玻璃性能指标不符合设计要求和规范规定。

（7）防火门门框未填充阻燃材料。

（8）防火门制造厂家生产资质不符合等级规定，防火门缺少固定永久身份标识。

（9）外窗窗框上口未设置滴水线，窗台下口未设置混凝土现浇防裂板带。

（三） 装饰装修工程

（1）室内抹灰阴阳角不方正、垂直；室外抹灰分格缝宽度和深度不一致，表面不光滑、棱角不整齐。

（2）散水、台阶、明沟与建筑物连接及转角部位未设置伸缩缝，分格缝内未填嵌柔性密封材料。

（3）抹灰未分层进行，抹灰厚度大于或等于 35mm；不同材料基体交接处表面抹灰时未采取防止开裂的加强措施。

（4）带反沿的雨篷其两侧面未设雨水排水管。

（5）外窗、雨篷等有排水要求的部位未设置滴水线（槽）或滴水线宽度和深度不足 10mm。

（6）吊顶饰面不洁净，色泽不一致；吊顶板不平整，局部翘曲，板缝宽窄不一致，压条不顺直、不平整。

（7）装饰涂层不均匀，色泽不一致，存在漏涂、透底、黏结不牢、起皮、流坠、裂缝、掉粉、污染现象。

二、 要因分析及建议

（一） 楼地面、 屋面工程

1. 要因分析

（1）工序间歇时间安排不合理，混凝土未达到规定强度时承受施工载荷，造成结构隐性破坏。

（2）贪图省事，有防水要求的楼板四周未做反沿。

（3）中间验收、隐蔽验收不规范，记录不真实。

（4）监理人员工作不严谨，忽视隐蔽验收环节。

（5）验收资料填写内容与现场检验情况不符，各级责任人仅签字不审核，资料形同废纸。

2. 建议

（1）安排施工作业进度计划时，应控制合理的混凝土养护期。

（2）监理单位应在监理计划中设置停工待检点，确保混凝土在未达到规定强度情况下不得进行下道工序施工。

（3）资料应由质检员填报，杜绝资料与现场检验情况不吻合现象。

（4）现场监督检查时，对重要部位进行抽测，其实测数据与验收记录相对照，发现严重失真时，可拒绝通过阶段性质量监督检查。

（二）门窗工程

1. 要因分析

（1）门窗生产厂家为追求利润最大化不按产品质量标准规定生产，以次充好。

（2）建设、监理单位未严格把关。

（3）施工单位为节省检测费用不做进场检验，以厂家提供的产品批量检验报告代替进场检验或减少检测项目。

（4）防火门采购时未认真审查生产厂家强制性生产认证等级，追求价格低廉，忽略产品生产厂家资质和质量。

（5）监理、施工单位技术人员对规程和规范缺乏认真、系统的学习，执行强条不严肃。

（6）作业人员技能不能满足要求，质量意识淡薄。

（7）门窗采购合同中技术性能指标不明确，检验、试验要求不明确。

2. 建议

材料、半成品、成品进场检验试验费用由建设单位支付，在工程预算中立项。

（三）装饰装修工程

1. 要因分析

（1）为控制成本，选用廉价低劣的装饰装修材料用于工程项目。

（2）分包队作业班组综合技能较低，作业人员年龄偏大，质量、安全意识淡薄，且缺少培训，工序施工质量难以管控。

（3）管理人员无施工经验，缺乏对成品逾期效果的判断与预控，过程控制缺失。

（4）违反工序顺序规律进行作业。

2. 建议

（1）设计施工图中对使用的装饰装修材料性能指标应有具体要求。

（2）推广建立建筑工程专业公司，由专业公司负责作业人员培训，提高班组长责任心和作业人员专业技能。

（3）加大技术交底管理工作力度和措施要求执行情况检查力度，必要时进行再交底。

（4）健全建筑工程专业作业人员缴纳保险法规，使其安心、稳定地在专业公司工作，避免作业人员松散现象。

（5）合理安排装饰装修工作，装饰装修施工应留有较充分的时间。

三、 质量风险预控要点

（一） 楼地面、 屋面工程

（1）楼地面、屋面、卫生间等各工艺层施工前，应对下层质量情况进行隐蔽验收。

（2）严格控制楼地面、屋面工程使用的原材料，检查产品质量证明文件应齐全，产品质量应经省级以上建设行政主管部门对其资质认可和由计量认证的质量检测单位进行检测。

（3）保温材料的导热系数、表观密度或干密度、抗压强度或压缩强度、燃烧性能等应符合设计要求。

（4）各楼层卫生间应无渗漏、墙根返碱现象；地砖应采用防滑地砖；有防水要求的房间应明显低于其他地面。

（5）贮氢站、燃油泵房、燃气电厂调压站等地面用材料不发火性能检验试验结果应符合设计要求。

（6）屋面应无积水，雨落管、排水口、泛水收边等节点构造工艺应符合设计要求及规范规定。

（7）隐蔽验收记录、防水材料进场复试报告和屋面淋水、蓄水试验记录应齐全。

（8）上人屋面或种植屋面防水保护层应符合设计要求。

（9）寒冷地区屋面檐口应有防冰雪融坠设施，防冰雪融坠设施安装应牢靠。

（二）门窗工程

（1）门窗应装有附框并安装牢固。

（2）门窗图、出厂质量证明文件齐全，外门窗进场抽样检测试验报告、各项物理性能指标应符合设计要求。

（3）防火门防火等级应满足设计要求，防火门固有"消防产品身份信息"标识、生产厂家产品强制性认证的等级应符合设计要求。

（4）建筑门窗安装固定符合规范规定，推拉门窗扇必须有防脱落装置。

（5）面积大于 1.5m²、距离可踏面高度 900mm 以下、与水平面夹角不大于 75°、7 层及以上建筑外开窗的窗玻璃应使用安全玻璃。玻璃上应有 3C 标识，玻璃出厂质量证明文件中应有 3C 认证证明文件。

（三）装饰装修工程

（1）装饰装修二次设计方案对结构安全和主要使用功能有变动时，应经原结构设计单位或具备相应资质的设计单位进行校核确认。

（2）吊顶内管道安装、木龙骨防火防腐处理、预埋件或拉结筋及吊杆安装、填充材料的设置应符合设计要求和规范规定，隐蔽工程项目验收记录齐全。

（3）外墙面、顶棚抹灰层与基层、饰面砖与基层黏结应牢固，外墙饰面砖完工后黏接强度检验报告齐全。

（4）大型灯具、电扇及其他设备安装应牢固。质量大于 10kg 的灯具，恒定均布载荷全数强度试验记录齐全。

（5）装饰装修预埋件、连接件数量、规格、位置和防腐处理应符合设计要求，安装应牢固。

（6）后置埋件拉拔检测试验报告齐全，试验结果应满足设计要求。

（7）临空处栏杆高度、焊接质量应符合规范规定。

（8）幕墙工程主要受力构件（受力部位）截面尺寸、厚度和全玻幕墙玻璃肋的截面厚度、截面高度应符合设计要求及规范规定。

（9）幕墙工程抗风压性能、气密性能和水密性能、平面内变形性能及其他性能检测试验报告齐全、有效。

第九节 建 筑 设 备 安 装

建筑设备安装俗称"小安装"，通常建设单位将设备采购和安装均交由供应商负责，施工、监理基本不参与质量管理，质量检验和调试应形成的资料缺失情况较严重。

一、常见质量问题

（一）给排水及采暖工程

（1）管道穿过墙体和楼板时未设置金属或塑料套管或已套管与管道之间缝隙未用阻燃密实材料和防水油膏填实。

（2）排水管道在隐蔽前未做灌水试验。

（3）阀门安装前没有进行强度和严密性试验，管道系统没有进行水压试验。

（4）消火栓安装完成后没有进行消火栓试射试验，安装位置不符合规范规定。

（5）给水管道、生活给水系统管道在交付使用时，未提供冲洗和消毒记录。

（6）生活给水系统管道在交付使用时，未提供经有关部门取样检验合格的水质报告。

（二） 建筑电气工程

（1）利用建筑物基础钢筋的接地装置或人工接地装置，未设置测试点。

（2）人行通道处埋设的防雷接地人工接地装置，埋设深度不足 0.5m，且没采取均压措施或在其上方铺设卵石或沥青地面。

（3）照明开关安装位置不便于操作，暗装的开关面板不牢固与墙面贴合不严密，相同型号并列安装及同一室内开关安装高度不一致。

（4）贮氢站等有爆炸危险的房间未采用防爆灯具或灯具安装在可燃气体释放源的正上方。

（5）照明系统交付使用后，未进行 24h 全负荷连续试运行试验或试验检查记录不真实、不合规。

（6）未进行事故照明切换试验或试验后未及时进行验收签证。

（三） 通风及空调工程

（1）通风系统采用非金属风管时未提供燃烧性能（是否满足不燃 A 级或难燃 B1 级）证明文件。

（2）风管补偿器安装存在强行对口现象。

（3）通风机传动装置的外露部位或直通大气的进、出口未装设防护罩/网。

（4）通向建筑外檐的通风管道未设防雨（雪）飘落的弯头。

（四） 智能建筑工程

（1）设备、材料报审资料不全。

（2）质量验收失控。

（3）调试、检测试验无记录。

（4）建设单位直接与专业公司签订合同，设备器材采购、安装、调试、检测试验等工作均由专业公司负责，未将专业公司质量管理纳入到工程质量管理体系中，质量管理失控。

（5）施工单位和监理单位不参与管理，智能项目验收不规范，验收资料杂乱无章。

（五）建筑节能工程

（1）节能工程验收资料缺失严重。

（2）节能工程使用的材料质量证明文件不全，进场检验试验项目缺失。

（3）未进行保温板材与基层黏结强度现场拉拔试验。

（六）电梯工程

（1）电梯井道及机房没有进行验收，无工序交接签证记录。

（2）电梯安装由生产厂家负责，监理不参与过程检查，安装过程验收记录不齐全。

（3）机组整套启动试运前，电梯未通过地方技术监督机构检验取得使用证即投入使用。

二、要因分析及建议

（一）给排水及采暖工程

1. 要因分析

（1）管道位置和土建预留套管位置有误，重新开孔后未安装套管。

（2）不熟悉规程规范规定或有选择地执行规程规范。

（3）规程规范个别条款执行难度较大。

（4）作业人员质量意识淡薄、技能差。

（5）监理工程师监督检查不力。

2. 建议

（1）管道系统中的阀门安装前应进行强度和严密性试验。

（2）生活用水管道应进行冲洗和消毒并取样检验，检验结果应符合国家 GB 5749—2006《生活饮用水卫生标准》的规定。

（3）采暖回水管坡度应顺畅，疏水阀安装位置应能有效排除疏水。

（二） 建筑电气工程

1. 要因分析

（1）建筑电气工程安排电控专业工地施工，电控专业技术人员对防雷技术规范有关条款不熟悉，未认识到其危害性。

（2）作业人员质量意识差、技能低下。

（3）监理监督检查不严格。

2. 建议

（1）建筑电气工程安排电控专业工地施工时，电控专业技术人员应认真执行规范，形成的施工记录、检验试验报告和质量验收记录应及时收集、归档。

（2）建设、监理单位应将供货商纳入工程质量管理体系，并确立合理的过程控制点严格把关验收。

（三） 通风及空调工程

1. 要因分析

（1）建设、监理、施工单位对通风系统非金属风管材料的基本性能知识了解较肤浅，不重视其防火及耐燃烧性能，将一些不合格品用于工程。

（2）管理和作业人员质量意识淡薄，责任心不强。

（3）监理工程师监督检查不力。

（4）未对建筑安装工程技术管理人员进行培训和考核。

2. 建议

（1）风管敷设路径和位置应进行细化设计，并经设计代表确认。

（2）空调设备委托供应商安装时，建设和监理单位应加强管控，及时协调处理与其他专业之间的关系。

（四） 智能建筑工程

1. 要因分析

（1）建设单位直接与专业公司签订合同（或委托施工单位与建设单位

指定的专业公司签订合同），设备器材采购、安装、调试、检测试验等工作均由专业公司负责，没有把专业公司质量管理纳入到工程质量管理体系中，质量管理失控。

（2）施工单位和监理单位不参与管理，智能项目验收不规范，验收资料杂乱无章。

（3）智能项目专业性很强，土建工程技术管理人员与弱电工程专业不对口，对智能项目性能和技术要求不熟悉。

2. 建议

（1）建设单位应选派专业人员对专业公司进行质量管理。

（2）智能系统调试工作应与机组调试有机结合在一起，调试记录应及时收集、整理、归档。

（五）建筑节能工程

1. 要因分析

（1）对节能工程重视不够，没有按规范要求实施验收。

（2）对建筑节能规范以及节能材料的相关规定不熟悉，不能察觉存在的问题。

2. 建议

（1）各级工程管理人员应加强对建筑节能工程知识和规程规范的学习。

（2）建筑节能工序未验收、未检测合格，不允许转入下一工序施工。

（六）电梯工程

1. 要因分析

（1）质量验收范围划分中，未把电梯井单独列为分项工程。

（2）生产厂家负责电梯安装，监理不参与安装过程检查，厂家安装过程验收记录未执行 DL/T 5210.1—2012《电力建设施工质量验收及评价规程　第1部分：土建工程》中检查规定。

（3）电梯属特种设备安装工序繁杂，技术监督机构检验、核发电梯使用证环节较多，延误了投用时间。

2. 建议

（1）应将电梯井道作为独立的分项、分部验收项目进行验收。

（2）监理应参与电梯安装过程检查验收。

（3）妥善安排电梯安装作业时间，保证整套启动试运行前电梯可投入使用。

三、 质量风险预控要点

（一） 给排水及采暖工程

（1）质量验收记录、隐蔽验收记录、给水工程的打压记录、管道冲洗消毒记录和水质检测报告齐全、有效。排水工程隐蔽前的灌水试验记录齐全。

（2）给排水管道穿过墙壁、楼板、结构伸缩缝、抗震缝及沉降缝敷设时，采取的保护措施符合规范规定。

（3）消防系统施工验收记录齐全。

（4）管道冲洗和消毒记录以及水质见证取样检验报告齐全，检测项目和指标应符合国家《生活饮用水标准》规定。

（二） 建筑电气工程

（1）蓄电池室应采用防爆型灯具，通风电机、室内照明线应采用穿管暗敷，室内不应装设开关和插座。

（2）配电装置室的防火门必须向外开启，并应装弹簧锁，严禁采用门闩，相邻配电装置室之间有门时，应能双向开启，配电装置室固定窗采光应采取防止玻璃破碎时小动物进入的措施。

（3）配电室内除本室需用的管道外，无其他管道通过。

（4）屋内外配电装置的金属围栏及靠近带电部分的金属遮栏和金属门应跨接接地。

（5）人工接地装置或利用建筑物基础钢筋的接地装置已在地面以上，

应按设计要求位置设测试点（断接卡）。

（6）筒仓工程的避雷引下线应在筒体外敷设，严禁利用其竖向受力钢筋作为避雷线。

（7）建筑物外的避雷引下线敷设在人员可停留或经过的区域，应采取防止接触电压和旁侧闪络电压对人员造成伤害的措施。

（8）避雷引下线与易燃材料的墙壁或墙体保温层间距应大于 0.1m。

（三）通风及空调工程

（1）通风与空调安装施工工序应作为工序交接检验点，并形成相应的质量记录。通风与空调工程在隐蔽前应经监理人员验收签证。

（2）非金属风管材料的燃烧性能检测报告齐全，检测结果应符合 GB 8624《建筑材料燃烧性能分级方法》中不燃 A 级或难燃 B1 级的规定。

（3）风管内不得敷设各种管道、电线或电缆，室外立管的固定拉索严禁拉在避雷针或避雷网上。

（4）风管穿过需要封闭的防火、防爆的墙体或楼板时，应设预埋管或防护套管，其钢板厚度不小于 1.6mm。风管与防护套管之间，应用不燃且对人体无危害的柔性材料封堵。

（四）智能建筑工程

（1）设备、器材、导线等出厂合格证和质量证明文件齐全。

（2）设备安装、固定牢固，布线、接线符合规范规定。

（3）性能检测试验报告和系统调试报告齐全、有效。

（五）建筑节能工程

（1）保温隔热材料的导热系数、密度、抗压强度或压缩强度、燃烧性能应符合设计要求。

（2）保温层锚固件数量、位置、锚固深度应符合设计要求。

（3）后置锚固件锚固力现场拉拔试验报告齐全、有效。

（4）幕墙使用的保温隔热材料的导热系数、密度、燃烧性能应符合设计要求；幕墙玻璃的传热系数、遮阳系数、可见光透射比、中空玻璃露点应符合设计要求。

（5）建筑外窗的气密性、保温性能、中空玻璃露点、玻璃遮阳系数和可见光透射比等应符合设计要求。

（6）屋面节能工程使用的保温隔热材料，其导热系数、密度、抗压强度或压缩强度、燃烧性能应符合设计要求。

（7）地面节能工程使用的保温材料，其导热系数、密度、抗压强度或压缩强度、燃烧性能应符合设计要求。

（8）低压配电系统电缆、电线进场时截面和每芯导体电阻值见证取样送检及检测报告齐全。

（9）采暖系统联合试运转和调试报告齐全。

（10）通风与空调系统风量平衡调试报告齐全。

（11）空调与采暖系统冷热源和辅助设备系统试运转及调试报告齐全。

（六）电梯工程

（1）电梯井土建交付安装交接记录齐全，电梯竖井几何尺寸和层门预留洞口应符合设计及安装要求。

（2）电梯安装施工记录、质量检查验收记录齐全、有效。

（3）层门地坎至轿厢地坎之间的水平距离的偏差为 $0\sim+3mm$，且最大距离严禁超过 35mm；层门强迫关门装置动作正常；当一个层门或轿门（在多扇门中任何一扇门）非正常打开时，电梯严禁启动或继续运行。

（4）机房内限速器动作速度整定应封记；当安全钳可调节时，整定封记应完好；每个绳头组合已安装防螺母松动和脱落的装置；所有电气设备及导管、线槽的外露可导电部分均可靠接地。

（5）电梯使用单位应到地方特种设备安全监督管理的部门办理使用登记证书。登记标志应当置于该特种设备的显著位置。

第三章　锅　炉　专　业

锅炉专业包含锅炉钢结构、锅炉受热面安装及整体水压试验、焊接、金属试验、锅炉辅机、除尘、除灰、脱硫、脱硝、输煤、加工配制、防腐保温专业内容。

第一节　锅　炉　钢　结　构

一、常见质量问题

（1）钢架柱底板与钢架立柱分开供货时未按规范规定施工。

（2）锅炉基础交付安装的工序交接单施工记录图中，缺少与主厂房相对位置尺寸偏差。

（3）锅炉钢架 0m 区域沉降观测点安装数量及位置不符合设计要求。

（4）锅炉钢架沉降观测点缺少保护罩或被破坏。

（5）锅炉钢架 1m 标高线标识不齐全或不清晰。

（6）钢结构的存放不规范造成梁柱变形。

（7）高强度螺栓施工前未使用临时螺栓。

（8）沉降观测点未按设计位置安装，沉降观测未按照规范及时测量并记录。

（9）缺少基础沉降观测报告。

（10）沉降观测报告中缺少沉降观测曲线、最终沉降结论、计量器具有效期等关键数据。

（11）锅炉上水前部分支撑构件未装完，锅炉钢结构稳定性不够。

（12）非结构原因的部分高强度螺栓梅花头未拧断，且无复检标识。

（13）锅炉钢架未及时完成接地。

（14）平台栏杆立柱未一次性完成施焊。

（15）锅炉钢架高强螺栓漏装。

（16）高强度螺栓终紧力矩抽检不合格。

（17）高强度螺栓紧固记录填写不规范。

（18）高强度螺栓未按规定进行批次复检。

（19）高强度螺栓复检报告未加盖检测单位印章。

（20）锅炉钢架节点顶紧面边缘间隙超过 0.8mm，顶紧面接触面积小于70%。

（21）锅炉钢架节点未及时防腐。

（22）锅炉钢架高强度螺栓孔用火焊切割扩孔。

（23）由于设计变更或螺栓孔错位，不再使用的螺栓孔未封堵处理。

（24）未进行预热，在锅炉钢架板厚超过 34mm 的钢结构上焊接临时铁件或管道支架。

（25）锅炉大板梁承重前、锅炉水压试验前、锅炉水压试验上水后、水压试验完成放水后、锅炉点火启动前其垂直挠度的测量缺项。

（26）锅炉平台通道、梯子不畅通。

（27）锅炉平台钢格栅被部分切割后未加固。

（28）现场验收使用的力矩扳手扭矩精度误差大于3%。

二、　要因分析及建议

（一）要因分析

（1）部分持证人员能力不能满足大型火电机组管理、施工要求，管理归口过多，专业人员资格与能力不匹配。

（2）建设单位专业管理人员不熟悉工程建设相关规范标准及制造厂要求，且主要关注各参建单位协调、设备催交、图纸催交等方面，无时间精力管理现场技术、质量；对检测试验缺少统筹规划，把关不严，导致不符合要求的检测机构进入现场。

（3）监理单位专业管理人员存在较多为从事施工作业人员退休返聘而来，责任心不强，不熟悉专业标准规范及制造厂要求，质量过程控制不到位；对 DL/T 5210.2—2009《电力建设施工质量验收及评价规程　第 2 部分：锅炉机组》中检验批概念理解有偏差。

（4）施工单位承揽的在建项目较多，主要施工、技术管理人员不足，年轻化严重，技能、经验、对标准的掌握特别是对关键技术要点掌握不足。

（5）电力建设施工招标低价中标现象严重，施工单位为降低成本，减配技术管理人员数量，技术、质量管理人员一人多岗、一岗多职；计量工器具投入不足。

（6）建设、监理、施工单位施工管理制度不健全，质量控制措施和人员考核与激励措施不健全，人员责任心差，管理手段不完善，导致管理要求落实不全面。

（7）建设、监理、施工单位的专业人员未从自身角色出发审核图纸，缺少专业管理经验，不熟悉专业的关键部位、重要工序、主要检测试验项目及主控质量验收点。

（8）对资料的重要性理解不够，造成各级验收签证记录等工程资料真实性、可追溯性较差，单纯为了应付各种检查。

（二）建议

（1）在锅检、质量监督、劳动保护等管理部门（机构）取得相应人员的资格证书应进行统筹规划，做到执行标准的统一。

（2）规范建设、监理、施工单位职责，应对专业人员的技能加大培训和考核力度。

（3）规范招投标行为，选择中标单位除价格因素外，应以满足工程需求为前提，严禁低价中标。

（4）对工程资料实行终身负责制，提高重要性认识，严肃责任。

三、 质量风险预控要点

（1）锅炉基础交安资料应与主厂房有对应几何关系。

（2）锅炉 0m 主立柱应设置沉降观测点，且应与图纸设计相符。

（3）锅炉沉降观测报告应按期测量，给出最终沉降结论，报告中应具有计量器具编号、沉降观测曲线、沉降观测点平面布置图。

（4）钢架立柱应做出明确的 1m 标高线标识。

（5）锅炉钢架主柱垂直度、平面尺寸、对角线偏差应在规范规定的偏差以内。

（6）锅炉钢架大板梁挠度应分阶段测量，挠度值应在规范规定的偏差以内。

（7）锅炉钢结构节点、大板梁节点、刚性梁等处的高强度螺栓安装应齐全，力矩应符合规范规定。

（8）施工单位对高强度螺栓应按规范规定进行复检，检测报告应具有可追溯性。

（9）钢结构厚板上应无违规焊接现象。

（10）锅炉钢架平台栏杆主通道应完善。

第二节　锅炉受热面安装及水压试验

一、 常见质量问题

（1）联箱管口、管排口的临时封堵不及时、不全面、不牢固。

（2）联箱内部清理不干净。

（3）管口封闭不及时、不全面、不牢固。

（4）受热面通球试验签证编制不规范，未编制通球球径计算，未记录通球人、还球人或登记的人员与现场实际记录不符。

（5）安装偏差超标，如联箱水平度、标高等误差超标，受热面管排、联箱对口偏折度超标。

（6）联箱、汽包、汽水分离器上未经制造厂允许、无措施焊接临时铁件。

（7）水冷壁、过热器、省煤器、再热器管排膨胀间隙超标。

（8）垂直刚性梁水平拉板预装膨胀值错误，影响自由膨胀。

（9）尾部炉膛内低温过热器、低温再热器、省煤器等烟气阻流板被提前安装影响水压试验检查或个别防磨瓦安装方向错误。

（10）锅炉制造厂合金钢部件材质使用错误。

（11）过热器、再热器管排固定卡焊接在管排上，未做着色检验。

（12）受热面一次密封焊接未完成，密封焊接处未做渗油试验。

（13）炉顶二次密封槽盒已安装，未预留水压试验检查孔、浇注孔。

（14）受热面吊杆偏斜度超标，受力不均匀。

（15）受热面吊杆受限，不能满足自由膨胀要求。

（16）受热面吊杆的销轴、花篮螺栓锁紧螺母等附件安装不齐全；弹性支吊架固定销在锅炉点火前未拆除。

（17）弹簧支架的安装不规范。

（18）支吊架的锁紧螺母未安装或露出丝扣，不符合规范规定。

（19）锅炉疏放水、排空、减温水、取样等小口径管道现场设计、布置不合理，阀门操作台操作不方便，支吊架安装不规范。

（20）安全阀的安装不规范，未保证垂直安装。

（21）排汽管安装不规范，防蒸汽反喷措施未按规范施工。

（22）安全阀疏水管道安装不规范、不完整。

（23）膨胀指示器安装位置不符合制造厂要求，不利于观测。

（24）膨胀指示器安装连接杆过长。

（25）锅炉疏放水、取样、辅助蒸汽、减温水管道未留有足够的疏水坡度。

（26）不锈钢管道与碳钢支架间未装不锈钢隔离垫片。

（27）锅炉附属管道的滑动支架被点焊，导向支架未安装限位块。

（28）π型锅炉密封罩顶部无安全围栏。

（29）水压试验临时系统管道、设备未安装完，缺少隔离措施。

（30）水压试验用压力表无校验报告或校验报告中压力表精度等级不满足标准规定。

二、 要因分析及建议

（一） 要因分析

（1）从锅检、质量监督、劳动保护等部门核发的资格证书存在差异，部分持证人员能力不能满足大型火电机组管理、施工要求，管理归口过多，专业人员资格与能力不匹配。

（2）建设单位专业管理人员不熟悉工程建设相关规范标准及制造厂要求，且主要关注各参建单位协调、设备催交、图纸催交等方面，专业管理投入精力过少。

（3）监理单位专业管理人员存在较多从事施工的作业人员退休返聘而来，责任心不强，不熟悉专业标准规范及制造厂要求，质量过程控制不到位，对标准中检验批概念理解有偏差。

（4）施工单位主要施工、技术管理人员不足，年轻化严重，技能、经验、对标准的掌握特别是对关键技术要点掌握不足。

（5）电力建设市场处于低价中标局面，施工单位减配技术、质量管理人员数量，人员一人多岗、一岗多职；工程施工低价分包严重，分包队伍能力不满足施工要求。

（6）建设、监理、施工单位施工管理制度不健全，质量控制措施和人员考核与激励措施不健全，人员责任心差，管理手段不完善，导致管理要求落实不全面。

（7）建设、监理、施工单位的专业人员未从自身角色出发审核图纸，缺少专业管理经验，不熟悉专业的关键部位、重要工序、主要检测试验项目及主控质量验收点。

（8）对资料的重要性理解不够，造成各级验收签证记录等工程资料真实性、可追溯性较差，单纯为了应付各种检查。

（二）建议

（1）加大参建各方专业技术人员的技能培训。

（2）政府部门牵头对工程建设强制性条文的策划、实施进行研究，规范落实。同时应从设备、设计、施工各环节进行统筹管理规划，消除或减少矛盾的标准条款。

（3）对监理单位职责落实情况进行规范，对从业者的职业经历、身体状况进行审核，严肃过程管理。

（4）强化施工单位按图施工的职责落实，加强设计深度，减少施工人员的随意行为。

三、 质量风险预控要点

（1）炉膛平面几何尺寸、对角应与钢架主柱尺寸相对应。

（2）水冷壁上联箱，过热器、再热器出口联箱标高及水平度应符合规范规定。

（3）折焰角、尾部竖井、水封插板、本体等影响锅炉膨胀的部位膨胀间隙应能满足设计要求。

（4）本体受热面及管道吊杆偏斜度，预偏装方向应与设计相符。

（5）锅炉顶棚过热器一次密封焊接、受热面拼缝焊接、保温钩钉、燃烧器内护板、蛇形管排固定卡块等应在水压试验前全部完成。

（6）锅炉管道刚性及恒力吊架应受力均匀。

（7）锅炉膨胀指示器安装应符合设计要求和规范规定。

（8）锅炉疏放水管道安装坡度应符合规范规定。

（9）锅炉区域不锈钢管道与碳钢支架应可靠隔离。

（10）锅炉附属管道水压及吹扫或冲洗签证应齐全、规范。

（11）锅炉水压试验、风压试验及化学清洗相关签证应齐全、规范。

（12）锅炉沉降观测报告应齐全、规范。

（13）水压临时系统应在水压试验前全部施工完成，临时系统应固定牢固。

（14）水压区域应采取可靠的隔离措施。

（15）水压试验排放措施应满足加药处理要求。

第三节　焊　　接

一、常见质量问题

（1）焊接工艺评定不能覆盖所施焊的项目，更新不及时或内容存在错误。

（2）焊接专业施工组织设计、焊接作业（热处理）作业指导书、工艺卡等技术文件编制未结合工程特点，可操作性不强。

（3）焊接作业安全、技术交底无针对性。

（4）焊接工程一览表中存在漏项，焊口数量统计、焊材等填写错误。

（5）焊口检验抽检比例不符合标准规定。

（6）焊口施焊记录中缺少焊材批号及热处理、检测时间等内容。

（7）未建立焊材跟踪台账。

（8）焊材发放领用单审核签字为非焊接技术人员。

（9）焊接、热处理技术人员、焊接质检员无证上岗。

（10）焊接和金属监理人员无证上岗，在质量验收及评价资料上签字。

（11）焊接质量检验批、分项工程评价验收人员未去现场检查，资料作假。

（12）高压焊工证作假。

（13）焊工超出所取得焊工证件允许范围施焊。

（14）计量设备台账缺少金属、焊接、热处理部分设备或该部分设备识别错误、检定证书失效。

（15）现场焊口编号不全。

（16）焊口外观检查流于形式，焊渣、飞溅不清理。

（17）焊口切除重新焊接不委托检测、焊口及检测记录图不更新。

（18）不锈钢管道焊接超温。

（19）T91/P91、T92/P92 焊接没有执行焊接作业指导书或工艺卡的工艺规定，产生裂纹。

（20）焊后热处理时热电偶布置数量、位置不满足标准规定。

（21）异形管件焊接热处理未编制专用热处理工艺。

（22）合金钢部件安装后光谱检测委托不全，尤其是排空、放气、疏水、取样等合金管道。

（23）脱硫吸收塔、烟囱钢内筒焊接技术管理、质量控制不到位。

（24）施工管理者忽视一般结构焊接质量管理。

（25）新入厂或超过保质期的焊条使用前未进行复验。

（26）合金钢焊材未进行光谱分析。

（27）使用低氢型焊条不烘干。

（28）现场不正确使用焊条保温桶。

（29）烘箱温控器未检定。

（30）焊接施工记录中无焊材批号，焊材使用部位无法追溯。

二、 要因分析及建议

（一） 要因分析

（1）焊接工艺评定不覆盖，导致焊接参数控制的失控。

（2）焊接工艺纪律执行不严格，导致焊接作业管理混乱。

（3）焊接从业人员的技能水平是焊接质量的前提，管理不严格导致焊接质量难以保障。

（4）施工现场的异种钢焊接、热处理标准执行不严格，导致焊接质量风险源增多。

(5) 焊接材料的管理是焊接质量的重要保障，管理失控将影响焊接质量。

(6) 焊接、热处理专业人员配制少，导致焊接、热处理把控不严，走过场。

（二） 建议

(1) 加强焊接工艺评定执行的检查，严禁超焊接工艺评定施焊作业。严格焊接工艺纪律。

(2) 加强焊接作业人员焊前考核。严格焊接、热处理等作业的标准执行检查。

(3) 异种钢焊接应严格工艺评定，加强焊接、热处理管控，加大无损探伤质量。

(4) 加强焊接材料的进厂及发放的管理。

(5) 焊接、热处理专业人员的配置数量应满足现场实际的需要。

三、 质量风险预控要点

(1) 焊接、热处理、检测专业施工组织设计、作业指导书、工艺卡等应符合标准规定，且有针对性。焊接工艺评定应全面覆盖施焊项目。

(2) 焊工、热处理人员、检测人员以及技术人员、质检人员、监理人员应持证上岗。

(3) 焊接、热处理、检测仪器设备、试块应配备齐全，且符合现场实际需要。

(4) 设立计量设备台账，并详细记录检定情况。

(5) 焊材管理记录和焊材品质复检报告应齐全。

(6) 焊接、热处理、检测环境应满足施工实际需要。

(7) 焊接、热处理、检测应严格执行工艺评定和检测规定，尤其应注重 T91/P91/P92 以及奥氏体不锈钢材料的焊接工艺和检测规定。

（8）现场焊口编号、外观质量、热处理保温层厚度、宽度、检测标识和打磨应符合标准规定。

（9）锅炉焊接工程一览表、检测一览表应对应，且规范。

（10）焊口施焊记录、焊口试验记录、报告、底片评定应符合标准规定。

（11）焊接质量过程控制记录收集、整理应符合档案规定。

（12）焊接质量检验批、分项工程验收应符合标准规定。

（13）脱硫吸收塔、烟囱钢内筒、液氨管道焊接应严格执行工艺卡。

（14）炉侧主蒸汽、热段、冷段及排空、取样、疏放水的超声、射线、硬度、光谱、金相、热处理报告、曲线应符合标准规定。

（15）超标缺陷的对接接头返修应有可靠措施、无损检测合格。

第四节 金 属 试 验

一、 常见质量问题

（1）未编制检测试验计划、金属检测施工组织设计或检测大纲、检测作业指导书等技术文件。

（2）检测技术文件缺少指导性、针对性和可操作性。

（3）部分计量检测设备未经检定或校准。

（4）现场计量检测仪器检定或校准证书过期。

（5）检测工艺设计不合理或没有按工艺要求进行检测。

（6）检测记录、报告填写错误、不签字、无检测部位示意图等。

（7）射线检测焊口没有按焊工每天抽检。

（8）组合焊口检测比例大于安装焊口检测比例。

（9）检测进度严重滞后焊接进度。

（10）困难位置焊口，射线检测因焦距短，底片灵敏度低、清晰度差。

（11）小口径厚壁管道射线检测时清晰度差、灰雾度大，焊接接头射线检测椭圆开口间距过大。

（12）射线底片焊缝上有伪缺陷、划痕，铅字号码压在底片焊缝上。

（13）材质为 T91/T92 焊口，因射线底片清晰度差，导致焊接裂纹漏评。

（14）超声检测打磨宽度、光洁度不满足要求。

（15）现场超声检测人员经验少，造成超声检测结果不可靠。

（16）联箱处管排 T91/T92 焊口做磁粉、着色检测时，未全部完成。

（17）材质为 9%～12%Cr 的主蒸汽管道焊缝金相检验时，未做 δ-铁素体含量的判定。

（18）检测报告未加盖骑缝章、未标注资质认定标志。

（19）检测报告授权签字人代签名。

（20）检测报告出具不及时。

（21）锅炉受热面割管检查恢复焊口的焊接记录未更新、焊后热处理用火焰加热。

（22）割管检查恢复焊口，检测记录不更新，如手孔堵检测方法不符合标准规定。

（23）主蒸汽、给水、热段、冷段管道与管件连接焊口外观成形差。

（24）主蒸汽、给水、热段、冷段管道焊接质量验收资料不完整、作假、检验批划分不合理等。

（25）主蒸汽、给水、热段、冷段管道与管件连接焊口的检测等级不满足标准规定。

（26）排空、放气、疏水、取样等杂项管道安装后未进行光谱复查。

（27）P91、P92 焊接、热处理工艺不符合标准规定。

（28）P91、P92 管道焊接后热处理硬度不符合标准规定。

（29）P91、P92 管道焊接后表面存在弧坑裂纹。

二、要因分析及建议

（一）要因分析

（1）对计量仪器校验重视不够，导致金属检验结果不准确，焊接缺陷不能发现。

（2）技术文件编制不规范，导致对施工的指导性不足。

（3）报告编制不规范、不及时，导致焊接缺陷处理不及时或未做处理。

（4）对标准准确性掌握不够，导致金属检验结果不符合标准规定。

（5）对金属检验设备投入不足，导致如底片质量不满足要求等，容易造成缺陷误判或未发现。

（6）合金钢材料光谱复查不全面，导致原材使用混乱。

（7）热处理未按规定温度曲线进行，导致硬度不符合标准规定，影响钢材使用寿命。

（二）建议

（1）严格计量法的贯彻执行及监督检查。

（2）严格标准的执行落实、技术文件的规范管理，确保技术方案的落实。

（3）按照招投标文件，严格控制热处理、检测试验设备、人员的投入。对特种作业人员的素质应满足现场的实际需要。

三、质量风险预控要点

（1）热处理、检测专业施工组织设计、施工方案、工艺卡等应符合标准规定，且有针对性。

（2）热处理人员、检测人员以及技术人员、质检人员、监理人员应持证上岗。

（3）热处理、检测仪器设备、试块应配备齐全，并满足工程实际需要。

（4）设立检测计量设备台账，并详细记录检定情况。

（5）热处理、检测环境应满足施工实际需要。

（6）热处理、检测应严格执行工艺评定和检测规定，尤其应注重 T91/P91、T92/P92 以及奥氏体不锈钢材料的检测规定。

（7）现场焊口编号、外观质量、热处理保温层厚度、宽度、检测标识和打磨符合标准规定。

（8）锅炉检测一览表应规范。

（9）焊口施焊记录、焊口试验记录、报告、底片评定符合标准规定。

（10）脱硫吸收塔、烟囱钢内筒、液氨管道检测工艺符合标准规定。

（11）炉侧主蒸汽、热段、冷段及排空、取样、疏放水的超声、射线、硬度、光谱、金相、热处理报告、曲线等符合标准规定。

（12）超标缺陷的对接接头返修后应按标准规定出具检测报告。

第五节 锅 炉 辅 机

一、 常见质量问题

（1）辅机设备的垫铁安装不规范，二次灌浆隐蔽前的验收不严格。

（2）锅炉辅机电动机找正调整螺栓未在二次灌浆前拆除。

（3）辅机电动机、减速箱等处的底板二次灌浆高度小于50mm。

（4）转动机械联轴器未安装保护罩。

（5）齿轮箱、电动机处润滑油回油管坡度不足。

（6）锅炉辅机关键部件（地脚螺栓、叶片、联轴器）螺栓紧固力矩无记录。

（7）冷却水系统、润滑油系统存在渗漏、泄漏问题。

（8）稀油站油箱未按规范规定接地。

（9）转动机械及系统未按标准规定做隐蔽签证、系统封闭签证。

（10）锅炉起吊设施缺少限位弹性止挡块、带锁手柄盒。

（11）油、水管道未做水压试验、蒸汽吹扫试验、油循环试验或签证不规范。

（12）转动机械空负荷运行连续运转时间不符合规范规定，试运行签证编制不规范。

（13）辅机设备及管道系统存在漏水、漏油、漏风、漏粉现象。

（14）转动机械运行状态（温度、振动、噪声）异常。

（15）锅炉燃油泵房设备、管道系统的法兰防静电跨接线未安装，系统防雷、防静电设施未进行检测试验验收，缺少接地或未引入地网。

二、 要因分析及建议

（一） 要因分析

（1）建设、监理、施工单位技术人员不熟悉转动机械安装控制关键点，不能按照图纸设计及规范规定控制施工环节。

（2）设备生产厂家生产任务繁重，不能较好地控制设备加工精度，且现场处理设备缺陷时，设备工代不能提供消缺费用及技术指导，致设备带病运行。

（3）施工单位低价中标，为控制成本，使用不合格的计量器具进行施工验收。

（4）施工单位技术管理人员年轻，分包单位无有经验的技术及施工人员。

（二） 建议

（1）严格设备招投标管理，规范设备厂家的履约控制。

（2）规范招投标管理，严禁低价中标投入不足，影响施工质量。

（3）加大技术人员培训，做好工程技术人员的"传帮带"，使岗位人员满足现场实际技能需求。

（4）强化隐蔽工程验收管理。加强易燃易爆设备系统的施工规范管理。

（5）从设备采购及施工阶段加强《特种设备安全法》落实。

三、 质量风险预控要点

（1）锅炉辅机电动机、减速箱处的找正调整螺栓应及时拆除或松开。

（2）锅炉辅机电动机、减速箱、叶轮处的二次灌浆层厚度应不小于50mm。

（3）锅炉辅机联轴器处应及时安装保护罩。

（4）锅炉辅机电动机、减速箱润滑油回油管道疏水坡度应符合图纸要求或标准规定。

（5）锅炉辅机地脚螺栓紧固力矩复查记录应齐全。

（6）锅炉辅机隐蔽签证、系统封闭签证应齐全、规范。

（7）检修起吊设施应设置弹性限位止动块，操作手柄应放入带锁箱柜内。

（8）辅机油、水管道的水压试验、吹扫试验、油循环签证应齐全、规范。

（9）辅机分部试运签证应齐全、规范。

（10）辅机实际运行状态，应无泄漏，振动、噪声、温度应符合标准规定。

（11）辅机油站、燃油系统防静电跨接线安装应符合标准规定，且齐全。

第六节　除尘、除灰、脱硫、脱硝、输煤

一、常见质量问题

（1）除尘器、除灰系统设备管道漏灰。

（2）除灰系统管道弯头处、膨胀节冲刷磨损严重，商业运行前发生泄漏。

（3）除灰管道运行时发生堵塞。

（4）脱硫吸收塔内壁防腐阴阳角处电火花测试不合格，防腐层厚度小于设计要求。

（5）脱硫、脱硝系统、液氨管道系统、烟囱钢内筒等焊接，施工单位无相应的焊接工艺评定、焊接施工技术文件，质量验收记录不完整。

（6）脱硫、脱硝、液氨管道系统，烟囱钢内筒焊接施工焊材管理不到位，无焊接技术、质量管理人员。

（7）脱硫烟道存在明显泄漏。

（8）液氨管道阀门法兰防静电跨接线未安装，未引入地网。

（9）脱硝系统设备、管道漏氨。

（10）皮带机机架安装不平直，中心线偏差超过标准值。

（11）驱动装置安装位置生根不稳固。

（12）锅炉落煤斗挡板门平衡锤未起作用。

（13）输煤皮带现场胶接口未作拉力试验，皮带胶接时未按厂家技术要求硫化。

（14）输煤皮带实际运行时跑偏严重，致皮带外缘磨损。

二、 要因分析及建议

（一） 要因分析

（1）建设、监理、施工单位对本部分非主体施工重视不够。

（2）施工单位人员培训投入不足，专业技能人才短缺。

（3）非主体焊接工作由非焊接技术人员代管，导致技术管理不到位，影响工程质量。

（4）关键工序管理不到位，造成设备安装质量、功能不满足标准规定或造成安全隐患。

（二） 建议

（1）针对除尘、除灰系统设备、管道漏灰现象，首先应加强焊接质量把控，另外，针对厂家不合理设计或采购的不合格材料，要及时将问题提出，选择优化设计或更换合格材料。

（2）非承压主体工程应配备专业焊接管理技术人员。对非承压焊接工作给予重视，严格按照焊接的专业要求进行管理。

（3）对关键工序应加强质量验收管理。

（4）加强易燃易爆设备系统的施工规范管理。

三、 质量风险预控要点

（1）除尘器不应漏灰。

（2）除灰、渣系统运行正常，不应存在振动、泄漏现象。

（3）除尘、后竖井烟道等与除灰相关联系统内部应清扫干净，除灰管道内部应吹扫干净。

（4）脱硫吸收塔内壁防腐层厚度检测报告应齐全、规范。

（5）脱硫、脱硝相关管道水压及吹扫或冲洗签证应齐全、规范。

（6）脱硫吸收塔沉降观测报告应齐全、规范。

（7）输煤碎煤机、振动筛、叶轮给煤机、除铁器运行正常，不应存在振动、泄漏现象。

（8）输煤皮带实际运行时，不应存在跑偏现象。

（9）输煤皮带空载及负载运行时，不应出现磨损现象；皮带胶接符合厂家要求，且拉力试验报告齐全、规范。

第七节 加 工 配 制

一、 常见质量问题

（1）加工配制验收项目划分缺项，不符合标准规定。

（2）圆风门、挡板门未在轴端头外部做挡板开关标识。

（3）补偿器安装方向与介质流向相反。

（4）补偿器临时固定件在分部试运前未拆除。

（5）金属补偿器冷拉预偏装方向与系统膨胀方向相反。

（6）圆风门、挡板门、膨胀节处存在粉尘泄漏。

二、 要因分析及建议

（一） 要因分析

（1）建设单位重视锅炉本体及主要辅机的采购质量，对于挡板门、圆风门、膨胀节等采购把关不严，设备问题多。

（2）施工单位对于膨胀节、补偿器运输及施工过程中未采取可靠保护措施，致使加工配制部件破裂损坏。

（3）圆风门、膨胀节、补偿器等附件多设计在高空中，不便于检查验收，施工单位对设备安装质量把控不严格。

（4）加工配制的技术标准对应范围是安装专业的加工配制，但各施工单位无专门的管理机构设置，加工配制分散到各个对应专业进行管理，管理弱化现象严重。

（二）建议

（1）强化工程参建各单位对加工配制的技术管理及重视。

（2）加强原材料采购管理，确保满足标准规定。

（3）对成品、半成品加强保护，对技术方案进一步优化，满足施工人员的作业基本条件，确保满足质量要求。

（4）对加工配制专业的管理从机构设置上应给予规范。

三、 质量风险预控要点

（1）加工配制质量验收划分表应符合标准规定。

（2）圆风门、挡板门轴端头处应做永久开关标识。

（3）补偿器安装方向应正确，临时固定件应及时拆除。

（4）金属补偿器冷拉预偏装方向应与系统膨胀方向一致。

（5）加工配制设备及系统实际运行不应存在泄漏现象。

第八节 防 腐 保 温

一、 常见质量问题

（1）管道弯头外护板安装时，背带安装固定不及时，存在假钉现象。

（2）法兰、阀门外护板安装时，两侧未留出足够的检修拆卸间距。

（3）高温管道支吊架处保温时，吊架盒缝隙不塞保温材料，存在超温现象。

（4）涂刷油漆时，相邻设备管道保护不及时造成油漆污染现象。

（5）折焰角部位、喷燃器与大风箱连接处、包敷框架与水冷壁连接处保温设计不合理或保温敷设不严格，造成设备外周超温现象。

（6）炉顶大包顶部保温浇注料抹面，施工膨胀缝设计不合理、开裂。

（7）每层刚性梁处未装阻流带，造成超温。

（8）主蒸汽、热段等高温管道保温层和护板垂直段易脱节。

（9）油漆盛装时不同种类的油漆混合，造成油漆的化学反应。

（10）锅炉本体保温开工时间早于锅炉本体风压试验时间，且缺乏对应措施及隐蔽检查验收，密封检查不到位，存在漏焊，造成超温、漏灰。

二、　要因分析及建议

（一）　要因分析

（1）建设、监理、施工单位专业人员对 DL/T 5704—2014《火力发电厂热力设备及管道保温防腐施工质量验收规程》、DL 5714—2014《火力发电厂热力设备及管道保温防腐施工技术规范》、DL 5713—2014《火力发电厂热力设备及管道保温施工工艺导则》等标准不熟悉。

（2）重视程度不够，造成防腐保温工作大量分包，作业队伍技能不足，保温施工工艺差，保温效果不满足设计要求和规范规定。

（3）因其他原因导致保温施工作业时间不充足，造成抢工期，存在大量交叉作业，忽视工艺质量。

（4）锅炉本体风压试验远远滞后于锅炉本体保温开工时间，违反安装工序，密封检查不到位，造成超温、漏灰。

（二）　建议

（1）加强防腐保温专业标准的学习、宣贯。

（2）在分包管理上，应使用专业分包队伍，确保施工质量。

（3）严肃工序交接及隐蔽工程验收管理。

（4）合理安排施工工序，合理安排施工时间，使施工质量满足标准规定。

（5）对油漆，特别是新型材料的性能应加强学习，确保施工工艺满足材料特性需要。

三、 质量风险预控要点

（1）风压试验完成后，方可进行锅炉本体保温。

（2）锅炉炉墙及管道保温外护板与平台栏杆等膨胀间距应符合设计要求。

（3）锅炉设备、管道保温及外护板安装应符合设计要求。

（4）锅炉设备及系统（管道阀门）标识应符合标准规定，且齐全。

（5）锅炉设备及管道保温材料抽样复检报告应齐全、规范。

（6）锅炉折焰角部位、喷燃器与大风箱连接处、包敷框架与水冷壁连接处、刚性梁处等应严格按设计要求施工，不应存在超温现象。

（7）锅炉区域油漆涂刷应合理安排工序，不应存在交互污染现象。

（8）锅炉设备及系统保温外护板不应踩踏，且应有防止变形或拆除后恢复的具体有效措施。

第四章 汽轮机专业

汽轮机专业包含汽轮发电机组工程、管道及系统、水处理及制氢设备和系统、辅助设备和附属机械专业内容。

第一节 汽轮发电机组工程

一、常见质量问题

(1) 本体基础沉降观测阶段不符合规范规定。

(2) 本体基础沉降观测数据有误。

(3) 轴承座与二次灌浆结合面存在间隙。

(4) 缺少埋置垫铁同条件下试块强度检测报告。

(5) 汽缸、垫铁与台板间 0.05mm 塞尺局部可塞入。

(6) 部分斜垫铁错开面积超过该垫铁面积的 25%。

(7) 汽缸滑销系统间隙未按厂家技术要求调整。

(8) 轴瓦、推力瓦块未做超声波脱胎检测。

(9) 轴颈与顶轴油囊接触不良。

(10) 未测量两转子联轴器止口配合尺寸。

(11) 汽缸紧 1/3 螺栓时，塞尺局部塞入深度超过规范规定。

(12) 轴系中心与记录偏差大。

(13) 高、中压缸在半缸状态下进行负荷分配。

(14) 隔板中心找正前，高、中压下缸到抽汽止回阀和第一个支吊架的管段安装未完成。

(15) 未测量隔板挂耳膨胀间隙。

(16) 汽缸扣盖前未测量推力间隙。

(17) 轴瓦瓦枕接触不符合厂家技术要求。

（18）未测量隔板与汽缸间膨胀间隙。

（19）汽缸扣盖前未完成低压外缸与凝汽器连接工作。

（20）未测量汽封块退让间隙、整圈膨胀间隙。

（21）通流间隙、汽封径向间隙超标，且缺少设备缺陷通知单、设备缺陷处理报告单。

（22）全实缸状态下转子轴向推拉值与施工技术记录不符。

（23）缺少转子、汽缸外引值施工技术记录。

（24）通流间隙、汽封间隙与施工技术记录不符。

（25）本体地脚螺栓未采取防松措施。

（26）缺少汽轮发电机组联轴器螺栓紧固记录。

（27）汽轮机本体保温表面超温。

（28）设备及系统渗漏。

（29）事故放油门与油箱安装距离、门杆安装方向、防护罩安装、警示标识不符合规范规定。

（30）汽轮机事故放油门无两个及以上安全通道。

（31）汽轮机油系统冲洗后油质化验结果不符合规范规定。

（32）事故放油管道未做通水（通气）畅通确认验收。

（33）抗燃油系统未做严密性试验。

（34）油箱就地油位与控制室显示的油位值不相符。

（35）汽轮机油系统油质取样不符合规范规定。

（36）发电机整体严密性试验结果不符合厂家技术文件要求。

（37）低压缸真空系统严密性试验检查范围不到位。

（38）合金部件及螺栓等进行光谱复查时存在漏项。

二、 要因分析及建议

（一） 要因分析

（1）建设单位技术人员对专业标准及规定内容不熟悉。

（2）工程工期紧、抢进度，不重视工程质量。

（3）监理单位质量验收人员文化及技术水平参差不齐，对专业标准及规定内容不熟悉，不查看厂家技术要求及施工图。

（4）监理验收环节把关不严，签字前不对照验收内容审查。

（5）施工单位技术人员及技术工人流失严重。

（6）施工人员流动性大，工作不连续，刚参加工作的技术人员对工程建设流程、标准及规定不熟悉。

（7）设备制造厂及设计服务不到位，图纸不更新。

（8）标准不齐全，标准更新不及时、引用过期作废标准。

（9）施工组织设计、作业指导书等技术文件未结合工程特点编制，不具有指导性和可操作性。

（10）缺少专用测量工器具。

（11）施工工序前后颠倒。

（12）设备出厂时存在质量缺陷。

（13）厂家零部件加工过程中尺寸偏差超出设计要求。

（14）对厂家存在的质量缺陷，未经设备缺陷通知单、设备缺陷处理报告单形式反映存在的质量问题。

（15）施工过程中尺寸偏差超出厂家技术要求。

（16）施工技术记录、验收签证作假。

（17）施工人员缺少施工经验，施工工艺处理不当。

（18）汽缸保温层表面热态温度测量验收把关不严。

（二）建议

（1）新建工程有技术服务需要的建设单位应具备负面清单系统、标准大数据系统、培训考核系统软件。

（2）电力监理、施工单位应具备负面清单系统、标准大数据系统、培训考核系统软件。

（3）各参建单位专业技术人员应配备主要的技术标准。

（4）参加工程建设的各级技术管理人员应经过培训考核系统软件考试，合格后上岗。

（5）发现施工技术记录及验收签证作假，应采取相应措施。

三、 质量风险预控要点

（1）建筑交付安装记录签证齐全。

（2）本体基础沉降均匀，沉降观测记录完整。

（3）垫铁的布设符合图纸要求，台板与垫铁及每叠垫铁间接触以及间隙符合规范规定，检查验收记录完整。

（4）台板底部混凝土垫块布设符合图纸要求，同条件下试块强度报告齐全。

（5）汽缸、轴承座与台板间隙符合规范规定，与记录相符。

（6）汽缸喷嘴室、调节汽门汽室隐蔽签证记录完整。

（7）各轴承座进行的检漏试验合格，签证记录完整。

（8）汽缸、轴承座水平、扬度与记录相符，并符合厂家技术文件要求。

（9）滑销、猫爪、联系螺栓间隙符合厂家技术文件要求，并与记录相符。

（10）汽缸法兰结合面间隙符合规范规定，与记录相符。

（11）汽缸负荷分配记录符合厂家技术文件要求。

（12）汽缸内部热工测量元件校验合格、报告齐全并经过试装。

（13）组装供货的汽轮机和燃气轮机本体组装符合厂家技术文件要求。

（14）轴瓦接触符合规范规定，与记录相符。

（15）推力瓦钨金接触及推力间隙符合厂家技术文件要求，并与记录相符。

（16）轴承座及轴瓦油挡间隙符合厂家技术文件要求，并与记录相符。

（17）转子轴颈椭圆度和不柱度记录符合规范规定。

（18）转子弯曲度记录符合厂家技术文件要求。

（19）全实缸状态下测量转子轴颈扬度符合厂家技术文件要求，并与记录相符。

（20）转子推力盘端面瓢偏记录符合规范规定。

（21）转子联轴器晃度及端面瓢偏记录符合规范规定。

（22）联轴器止口测量记录符合厂家技术文件要求。

（23）转子对汽封（或油挡）洼窝中心记录符合厂家技术文件要求。

（24）全实缸状态下测量转子联轴器找中心数值符合厂家技术文件要求，并与记录相符。

（25）复测转子缸外轴向定位值，并与记录相符。

（26）汽缸外引值记录符合厂家技术文件要求。

（27）汽封块退让间隙记录符合厂家技术文件要求。

（28）隔板（套）与汽缸间膨胀间隙记录符合厂家技术文件要求。

（29）整圈汽封块膨胀间隙记录符合厂家技术文件要求。

（30）静叶持环或隔板（包括回转隔板）安装符合规范规定，与记录相符。

（31）全实缸状态下测量轴封及通流间隙符合厂家技术文件要求，并与记录相符。

（32）全实缸状态下做转子推拉试验，推拉值符合厂家技术文件要求，并与记录相符。

（33）汽轮发电机组本体联轴器螺栓紧固记录符合厂家技术文件要求。

（34）汽轮机低压缸真空严密性检查合格，并签证。

（35）汽缸、轴承座滑销系统正常。

（36）汽缸及缸内合金钢零部件及与汽缸连接的合金钢管材质光谱复查报告齐全，符合厂家技术文件要求。

（37）与汽缸相连的主要管道焊接检验、热处理资料，内容完整，报告

（含底片）齐全。

（38）轴瓦及推力瓦块脱胎检测报告合格。

（39）高温紧固件的硬度复测、光谱检测及金相抽查符合厂家技术文件要求，检测报告齐全。

（40）扣盖前相关检验批、分项、分部工程验收和隐蔽验收签证资料完整。

（41）汽轮机本体保温表面热态温度测量，符合规范规定。

（42）发电机整体严密性试验验收合格，签证齐全。

（43）发电机内冷水系统循环冲洗，水质合格。

（44）事故放油门安装符合规范规定。

（45）事故放油管道通水（通气）畅通试验合格。

（46）主机、附属机械油系统安装验收合格，冲洗完毕，油质检验合格。

（47）顶轴油泵及其系统安装验收合格，顶轴油泵出口油压和轴颈顶起高度调整完毕。

（48）盘车装置试运合格，啮合及脱开灵活、可靠。

（49）汽轮发电机组、附属机械及其系统运行正常、无渗漏。

（50）燃气轮机本体负荷分配符合厂家技术文件要求。

（51）燃气轮机各系统投运正常，运行可靠。

（52）燃气轮机灭火保护系统投运正常。

（53）燃气轮机供气系统严密、无泄漏。

（54）燃气轮机辅助系统分部试运验收合格。

（55）燃气轮机进风系统清洁度检查验收合格。

（56）燃气轮机罩壳严密性试验验收合格。

（57）燃气轮机灭火系统、防爆系统调试验收合格。

（58）汽轮发电机组及附属机械和辅助设备安装验收合格，附属机械和辅助设备系统分部试运合格。

（59）设备缺陷情况记录及处理签证资料完整。

第二节　管 道 及 系 统

一、 常见质量问题

（1）热力系统管道支吊架存在偏拉、斜吊、锁紧螺母松动现象。

（2）管道系统伸缩节限位螺栓未按厂家要求调整。

（3）管道严密性试验压力不符合设计要求。

（4）疏放水阀门存在内漏。

（5）安全阀出口未安装排放管。

（6）小口径管道支吊架设计不符合规范规定，间距或形式不规范。

（7）不锈钢管道与碳钢支架间的隔离垫安装不齐全。

（8）热力管道、安全门出口管道、阀门保温不齐全。

（9）热力管道及阀门保温表面超温。

（10）安全阀手柄在保温材料内。

（11）设备及系统管道漆色不符合规范规定。

（12）设备、系统管道及阀门介质流向、标识不齐全。

（13）蒸汽吹洗的临时排汽管道及系统未经有设计资质的单位设计。

（14）吹扫临时系统集粒器安装位置未靠近再热器入口处。

（15）管道支吊架吊杆穿越电缆桥架或穿越保温层。

（16）管道滑动支架的活动面被点焊，导向支架未安装限位块。

（17）管道支吊架根部等未按设计要求满焊。

（18）天然气管道强度试验、严密性试验和泄漏性试验不符合设计要求和规范规定。

（19）天然气管道连接法兰未设防静电跨接线。

（20）天然气放散竖管安装不符合设计要求。

二、 要因分析及建议

（一） 要因分析

（1） 建设单位技术人员对专业标准及规定内容不熟悉。

（2） 工程工期紧、抢进度，不重视工程质量。

（3） 监理单位质量验收人员文化及技术水平参差不齐，对专业标准及规定内容不熟悉，不查看厂家技术要求及施工图。

（4） 监理验收环节把关不严，签字前不审查验收内容。

（5） 施工人员流动性大，工作不连续，刚参加工作的技术人员对工程建设流程、标准及规定不熟悉。

（6） 标准不齐全，标准更新不及时、引用过期作废标准。

（7） 施工组织设计、作业指导书等技术文件未结合工程特点编制、不具有指导性和可操作性。

（8） 施工技术记录、验收签证作假。

（9） 支吊架冷、热态调整验收把关不严。

（10） 管道保温表面层热态温度测量验收把关不严。

（二） 建议

（1） 新建工程有技术服务需要的建设单位应具备负面清单系统、标准人数据系统、培训考核系统软件。

（2） 电力监理、施工单位应具备负面清单系统、标准大数据系统、培训考核系统软件。

（3） 各参建单位专业技术人员都应配备主要的技术标准。

（4） 参加工程建设的各级技术管理人员都应经过培训考核系统软件考试，合格才能上岗。

（5） 发现施工技术记录及验收签证作假，应采取有关措施。

三、 质量风险预控要点

（1） 工程焊接及检验一览表的内容完整，压力管道焊接工程验收资料齐全。

（2）四大管道等焊口材质复核、金相检验、无损检验完成，报告齐全。

（3）管道支吊架安装、调整验收合格。

（4）管道支吊架受力状态良好，偏斜不超标，锁紧螺母无松动。

（5）管道支吊架根部等焊接符合设计要求。

（6）管道系统严密性试验合格，签证齐全。

（7）管道及系统膨胀符合设计要求。

（8）主（再热）蒸汽、高低压旁路、轴封送汽等管道蒸汽吹扫和高低压给水管道等水冲洗合格，签证记录齐全。

（9）蒸汽吹洗的临时排汽管道及系统应由有设计资质的单位设计。

（10）不锈钢管道与碳钢支架间的隔离垫安装齐全。

（11）安全阀出口排放管安装符合设计要求。

（12）管道及阀门无渗漏。

（13）热力系统管道及阀门保温层表面温度测量符合规范规定。

（14）热力系统管道、安全门出口管道、阀门保温齐全。

（15）设备及管道系统漆色符合标准规定。

（16）设备及管道系统介质流向、标识齐全。

（17）天然气管道强度试验、严密性试验验收合格，吹扫验收合格。

（18）天然气管道法兰防静电跨接线设置符合设计要求。

（19）天然气放散竖管安装符合设计要求。

第三节　水处理及制氢设备和系统

一、常见质量问题

（1）化学车间人行通道附近的酸、碱管道法兰未加防护罩。

（2）卸酸、卸碱等管道标识不齐全。

（3）循环水加氯、阻垢，缓蚀系统及废水处理系统调试未完成。

（4）缺少清洗废液处理后的检验报告。

（5）氢气管道连接法兰未设防静电跨接线。

（6）氢气管道穿过安全隔离墙时未加套管及封堵。

（7）氢气放空管未安装阻火器或阻火器设置高度不符合设计要求。

（8）厂区架空氢气管道未按规定安装防雷感应、防静电接地设施。

（9）含氢的排放管道未单独接至厂房外空旷处。

（10）氢气管道强度试验、严密试验及泄漏量试验不符合设计要求。

（11）主厂房氢气管道标识不清。

二、 要因分析及建议

（一） 要因分析

（1）建设单位技术人员对专业标准及规定内容不熟悉。

（2）监理单位质量验收人员文化及技术水平参差不齐，对专业标准及规定内容不熟悉，不查看厂家技术要求及施工图。

（3）监理验收环节把关不严，签字前不审查验收内容。

（4）施工人员流动性大，工作不连续，刚参加工作的技术人员对工程建设流程、标准及规定不熟悉。

（5）标准不齐全，标准更新不及时、引用过期作废标准。

（6）施工组织设计、作业指导书等技术文件未结合工程特点编制，不具有指导性和可操作性。

（二） 建议

（1）新建工程有技术服务需要的建设单位应具备负面清单系统、标准大数据系统、培训考核系统软件。

（2）电力监理、施工单位应具备负面清单系统、标准大数据系统、培训考核系统软件。

（3）各参建单位专业技术人员都应配备主要的技术标准。

（4）参加工程建设的各级技术管理人员都应经过培训考核系统软件考

试，合格才能上岗。

三、 质量风险预控要点

（1）锅炉本体及炉前系统化学清洗合格，签证记录齐全；清洗废液处理合格。

（2）锅炉补给水水质合格，程控装置运行正常。

（3）发电机内冷水水质（pH 值、导电度、含铜量）符合规范规定。

（4）制氢站安装、分部试运验收合格，氢气纯度、湿度符合标准。

（5）机组汽水品质在线测量仪表校验合格。

（6）凝结水精处理设备具备投运条件。

（7）循环水加氯、阻垢，缓蚀系统安装验收合格，调试完毕。

（8）烟气在线检测装置具备投运条件。

（9）炉内加药和取样系统安装完毕，调试合格，具备投运条件。

（10）废水处理系统安装验收合格，调试完毕。

（11）厂区架空氢气管道防雷电感应接地符合设计要求。

（12）氢气站、发电机氢气控制站等管道法兰防静电跨接线设置符合设计要求。

（13）贮氢设备压力试验验收合格，签证齐全。

（14）氢气管道安装符合设计要求。

（15）氢气管道强度试验、严密性试验及泄漏量试验验收合格，签证齐全。

（16）化学车间人行通道附近的酸、碱管道法兰防护设施符合设计要求。

（17）卸酸、卸碱等管道标识齐全。

（18）水处理、海水淡化及制氢系统运行正常。

（19）循环水加氯、阻垢、缓蚀装置及系统运行正常。

（20）工业废水和生活污水系统运行正常。

第四节 辅助设备和附属机械

一、常见质量问题

（1）附属机械联轴器保护罩缺失，且漆色不符合标准规定。

（2）附属机械中心定位销锁紧螺母松动。

（3）附属机械运输、安装调整用螺钉未及时释放。

（4）附属机械地脚螺栓未采取防松措施。

（5）汽轮驱动给水泵组排汽管伸缩节安装用限位拉杆未松开。

（6）辅助设备安全阀冷态未整定。

（7）辅助设备膨胀间隙不足。

（8）辅助设备人孔门未保温。

（9）直接空冷排气管严密性试验不符合设计要求。

（10）电动葫芦操作控制器未设防护设施、轨道限位器未装缓冲垫。

二、要因分析及建议

（一）要因分析

（1）建设单位技术人员对专业标准及规定内容不熟悉。

（2）监理单位质量验收人员文化及技术水平参差不齐，对专业标准及规定内容不熟悉，不查看厂家技术要求及施工图。

（3）监理验收环节把关不严，签字前不对验收内容进行审查。

（4）施工人员流动性大，工作不连续，刚参加工作的技术人员对工程建设流程、标准及规定不熟悉。

（5）标准不齐全，标准更新不及时、引用过期作废标准。

（6）施工组织设计、作业指导书等技术文件未结合工程特点编制，不具有指导性和可操作性。

（二）建议

（1）新建工程有技术服务需要的建设单位应具备负面清单系统、标准大数据系统、培训考核系统软件。

（2）电力监理、施工单位应具备负面清单系统、标准大数据系统、培训考核系统软件。

（3）各参建单位专业技术人员应配备有主要的技术标准。

（4）参加工程建设的各级技术管理人员应经过培训考核系统软件考试，合格后上岗。

三、　质量风险预控要点

（1）附属机械联轴器保护罩齐全，且漆色符合规范规定。

（2）附属机械中心定位销锁紧螺母防松措施到位。

（3）附属机械运输、安装调整用螺钉，在试运前应释放。

（4）附属机械地脚螺栓应采取防松措施。

（5）汽轮驱动给水泵组排汽管伸缩节安装用限位拉杆，在试运前应按厂家技术文件要求松开。

（6）辅助设备安全阀冷态整定合格、报告齐全。

（7）辅助设备膨胀间隙符合设计要求。

（8）辅助设备人孔门保温符合规范规定。

（9）直接空冷排气管严密性试验符合设计要求。

（10）电动葫芦操作控制器应设防护设施、轨道限位器应安装缓冲垫。

第五章 电 气 专 业

第一节 盘、柜 安 装

一、 常见质量问题

(1) 盘、柜内积灰，就地盘、柜内施工遗留物未清理干净。

(2) 室外端子箱密封不严，存在漏雨现象。

(3) 盘、柜表面污染，面漆脱落，门扇变形。

(4) 手车式配电柜"五防"不完善。

(5) 母线连接螺栓紧固力矩值不符合规范规定。

(6) 受电范围内盘、柜及就地设备命名、编号不齐全。

二、 要因分析及建议

（一） 要因分析

(1) 施工组织设计、作业指导书等技术文件未结合工程实际编制。

(2) 施工作业交底流于形式，施工人员按习惯施工，施工及质量验收环节把关不严。

(3) 施工人员质量意识不强，未严格按规范施工，监理及建设单位质量检查验收未尽职尽责。

（二） 建议

(1) 加强标准的动态管理，组织相关人员进行宣贯、培训。

(2) 施工组织设计、作业指导书等技术文件编制应结合工程实际编制。

(3) 项目开工前制定质量通病预防措施。

(4) 对施工质量施工单位应提前报验。监理单位严格按规程验收，尽职尽责，上道工序没有进行检查验收合格，不得允许下道工序施工。

三、 质量风险预控要点

(1) 盘、柜安装牢固、接地可靠。

（2）手车式、抽屉式配电柜开关推拉灵活、"五防"装置动作可靠。

（3）高压配电装置防误闭锁装置齐全、可靠。

（4）带电设备的电气设备试验项目齐全，试验合格，记录齐全。

第二节 变压器安装

一、常见质量问题

（1）变压器事故放油阀金属堵板未拆换。

（2）未做变压器消防喷淋试验或试验流于形式，喷淋试验雾化效果不符合规范规定。

二、要因分析及建议

（一）要因分析

（1）规范及厂家技术文件对变压器就位后应拆换事故放油阀金属堵板，未作相关规定或要求。

（2）合同未约定设备厂提供事故放油管弯头及中空带玻璃的堵板法兰。

（3）未考虑在紧急情况下，变压器事故放油阀金属堵板未拆换不能紧急排油的严重性。

（4）水消防系统不具备消防喷淋试验条件。

（5）施工、监理及建设单位质量验收人员不了解消防喷淋系统的试验方法及验收标准；相关质量验收人员未尽职尽责。

（二）建议

（1）相关标准修订时增加"变压器就位后应拆换事故放油阀金属堵板"的条文。

（2）合同约定设备厂应提供事故放油管弯头及中空带玻璃的堵板法兰。

（3）将"变压器就位后应拆换事故放油阀金属堵板"编入作业指导书，并作为施工交底及施工质量验收的内容。

（4）施工、监理及建设单位质量验收人员应加强变压器消防喷淋等系统安装及质量验收标准的学习，尽职尽责把好质量验收关。

三、 质量风险预控要点

（1）变压器密封良好。

（2）绝缘油（或 SF_6 气体）试验合格、报告齐全。

（3）本体及中性点接地符合规范规定、连接可靠。

（4）冷却装置启、停动作正常。

（5）气体继电器、压力释放阀、温度计检定合格。

（6）有载调压装置操动灵活，指示正确。

（7）充气设备气体压力、密度继电器报警和闭锁值符合产品技术要求。

（8）在线监测装置接地可靠，安装方向，便于观察。

（9）软母线压接或螺栓连接质量检查合格。

（10）户外软导线压接易积水的线夹底部打有排水孔。

（11）硬母线的焊接检验合格，检测报告齐全。

第三节　GIS 及变电站设备安装

一、 常见质量问题

（1）GIS 设备外壳法兰连接处密封胶溢出，污染连接处外表面。

（2）GIS 金属伸缩节与母线筒连接可调节螺栓预留间隙，与当地冬、夏季最大温差所造成母线膨胀、收缩长度不符。

（3）升压站内钢构架镀锌层色差过大，镀锌层厚度与技术规范的规定不符。

（4）户外软导线压接易积水的线夹底部未打排水孔。

（5）用于远动、通信及计算机系统（等电位）接地与电气保护接地、电气工作接地混接。

二、 要因分析及建议

（一） 要因分析

（1）施工作业指导书及施工交底无应清理法兰处溢出的密封胶的内容，

施工人员按习惯施工，施工及质量验收把关不严。

（2）施工验收规范中无 GIS 金属伸缩节与母线筒连接可调节螺栓预留间隙的相关规定，厂家安装使用说明中无此内容，现场安装人员未尽职尽责。

（3）施工人员未严格按照规范规定施工，质量验收人员及监理未尽职尽责。

（4）电缆端子排接线设计图中，未标明应接在等电位母线上的电缆编号。

（二）建议

（1）相关标准修订时应补充 GIS 金属伸缩节与母线筒连接可调节螺栓预留间隙的内容。

（2）施工、监理及建设单位质量管理人员不但应熟悉施工标准，还应学习掌握相关产品技术标准，强化金属构架等相关产品、设备质量的进场检查验收。

（3）施工作业指导书等技术文件的编制应结合实际。施工作业交底要有针对性，严把施工及质量验收关。

（4）设计不明确、设备厂家不规范的地方应由建设单位要求其补充、完善。

（5）电缆端子排接线设计图中，应标明应接在等电位母线上的电缆编号。

三、质量风险预控要点

（1）充气设备气体压力、密度继电器报警值和闭锁值符合产品技术要求。

（2）断路器、隔离开关、接地开关及操动机构动作可靠，分、合闸指示正确。

（3）油（气）操动机构无渗漏现象。

（4）隔离开关接触电阻及三相同期值符合产品技术要求。

（5）高压开关柜防误闭锁装置齐全、可靠。

（6）互感器外观完好，油位或气压正常，接地可靠。

（7）电流互感器备用线圈短接并接地可靠。

（8）避雷器外观及安全装置完好，排气口朝向合理。

（9）软母线压接或螺栓连接可靠，户外软导线压接易积水的线夹底部已打排水孔。

（10）二次回路接线排列整齐，接线牢固。

（11）升压站、网控室、集控室等电位接地符合规范规定，质量验收合格。

第四节 直流系统设备安装

一、常见质量问题

（1）蓄电池组未按照规范规定进行编号。

（2）蓄电池出线电缆与蓄电池接线柱直接连接，未采用回流母线过渡。

（3）蓄电池出线电缆与蓄电池汇流母线连接面间未涂电力复合脂。

（4）通风机及灯具开关未按照规范要求安装在蓄电池室外。

（5）照明灯具安装在蓄电池组上方。

（6）蓄电池室进、出风口安装在同一侧。

（7）蓄电池充放电记录的内容不齐全，充电时未记录电解质的温度。

（8）蓄电池电缆与汇流母排连接处未加装绝缘保护罩。

二、要因分析及建议

（一）要因分析

（1）施工组织设计、作业指导书等技术文件编制未结合工程实际编制，指导性和可操作性不强。

（2）施工作业交底流于形式，施工人员按习惯施工，质量验收人员及监理未尽职尽责，质量验收把关不严。

（3）不了解母线连接接触面间涂电力复合脂不但是为了增加母线连接处的有效接触面，还有提高接触面间防腐蚀能力的作用。

（4）隔酸防爆型全封闭阀控蓄电池充放电时，无法直接测量电解质的温度。

（二）建议

（1）施工组织设计、作业指导书等技术文件编制应结合工程实际编制，施工作业交底要有针对性。

（2）施工及质量验收，严格按规范、规程规定实施。

（3）蓄电池室进、出风口设计在同一侧及照明灯具布置在蓄电池组上方，属于设计、施工不当，设计单位应加强专业设计施工图审查，监理人员在质量验收中应严把质量关。

（4）蓄电池充放电时，无法直接测电解质的温度，应采用红外线测温仪，按规范规定每小时测蓄电池外表面温度，避免充电过程中电解质反应温度超过 35℃，造成蓄电池极板损坏。

三、质量风险预控要点

（1）蓄电池编号、标识符合规范规定。

（2）蓄电池充放电记录完整，符合产品技术要求，充放电曲线真实。

（3）蓄电池室灯具、空调、通风机使用防爆型电气设备，安装符合规范规定。

第五节　电缆敷设及接线

一、常见质量问题

（1）长线路电缆桥架未设置伸缩缝，且每隔 20～30m 未直接与接地装置可靠连接。

（2）直埋电缆线路未按规范规定设置标识桩。

（3）动力电缆和控制电缆混层敷设。

（4）单相交流电力电缆采用碳钢制材料固定，易形成闭合磁路。

（5）桥架内每层电缆敷设数量不合理，有些层内电缆过多，有些层内很少或无电缆。

（6）桥架与电缆保护管连接采用电焊或火焊，未采用专用连接件连接。

（7）金属电缆保护管连接未采用套管，而是直接对接焊接。

（8）盘内二次回路电缆备用芯长度不符合规范规定，备用芯未编号、露铜芯，也未加保护帽。

（9）电缆二次线端子压接不牢靠。

（10）电缆与热力管道之间的距离不满足规范要求时，未采取隔热措施。

二、 要因分析及建议

（一） 要因分析

（1）施工作业交底流于形式，施工人员未严格按设计图纸或技术规范施工。

（2）各级质检人员及监理质量验收把关不严，未尽职尽责。

（二） 建议

（1）施工单位应在电缆施工及接线项目开工前，制定质量通病预防措施。

（2）严格执行施工交底制度，施工人员应加强严格执行规程、规范及强制性条文施工的自觉性，建立对施工质量终身负责的质量意识。

（3）加强电缆敷设及隐蔽工程见证检查和质量的验收；上道工序没验收合格，不得允许下道工序施工；发现严重质量问题时，立即要求停工，待检查验收合格后方可同意复工。

（4）监理人员应坚持原则，建立对所验收的工程质量终身负责的意识。

三、 质量风险预控要点

（1）直埋电缆敷设中间隐蔽验收签证及沿电缆敷设路径设置的标识桩

符合规范规定。

（2）单相交流电力电缆的固定方法、固定材料应符合规范规定。

（3）每层电缆桥架内的电缆敷设数量基本合理，且应分层敷设、排列整齐，桥架内的电缆敷设最多不宜超过四层。

（4）桥架与电缆保护管连接应采用专用连接件，且连接牢靠。

（5）金属电缆保护管对接应采用套管套接后再进行焊接。

（6）盘、柜内二次回路电缆备用芯预留长度、备用芯编号、备用芯加保护帽等符合技术规范规定。

（7）盘内二次接线牢固，电缆屏蔽接地连接符合技术规范规定。

（8）电缆与热力设备、管道之间的距离应符合技术规范规定；距离过近时，应采取有效的隔热措施。

（9）电流互感器备用线圈应短接并接地可靠。

第六节　电气及安全接地

一、常见质量问题

（1）盘、柜内等电位接地与保护接地混接。

（2）避雷针与人行通道的距离不足 3m 时，未采取防跨步电压的措施。

（3）接地网埋设深度不够，回填土未按要求分层夯实，交叉施工造成接地网损坏、部分地点外露。

（4）配电装置架构爬梯未直接接地。

（5）焊接连接的接地母线搭接长度及防腐不符合规范规定。

（6）母线连接螺栓的穿向不符合规范规定。

（7）带电区域围栏及门未接地。

（8）电机的接地接在电机风扇罩壳上。

（9）电力电缆的金属保护软管未跨接接地。

（10）就地设备（电机、盘/柜、配电箱、检修箱、开关、电缆桥架等）

未见明显接地。

（11）隔离开关、接地开关的操作拉杆未直接接地。

（12）接地装置连接螺栓锈蚀。

（13）接地母线连接处涂刷了油漆，接地点无标识。

（14）行车及电动葫芦的道轨未接地。

（15）就地电气设备串联接地。

二、 要因分析及建议

（一） 要因分析

（1）设计不当，造成避雷针与人行通道的距离不足 3m。

（2）电缆端子排接线设计图中，未标明应接在等电位母线上的电缆编号，造成盘、柜内等电位接地与保护接地或工作接地混接。

（3）施工作业交底流于形式，施工人员按习惯施工，未严格按规范规定施工。

（4）质检人员把关不严，未尽职尽责，缺乏对所施工、检查验收项目质量终身负责的责任感。

（二） 建议

（1）加强设计施工图审查力度。在电缆端子排接线设计图中标明应接在等电位接地母线上的电缆编号。

（2）施工、监理人员应严格按规程规范施工、验收，加强对所施工、检查验收项目质量终身负责的责任感，做到尽职尽责。

三、 质量风险预控要点

（1）本体及中性点接地符合规范规定、连接可靠。

（2）电流互感器备用线圈短接并可靠接地。

（3）在线监测装置接地可靠，安装方向，便于观察。

（4）盘、柜安装牢固、接地可靠。

（5）电气设备及防雷接地与主接地网连接可靠，验收签证齐全。

（6）升压站、网控室、集控室等电位接地符合规范规定，质量验收合格。

（7）电气设备接地可靠，标识齐全、醒目。

（8）接地网导通试验合格、独立避雷针接地电阻测试符合规范规定。

（9）接地电阻测试合格，报告齐全。

第七节　防火封堵及防火涂料粉刷

一、常见质量问题

（1）电缆孔洞封堵及临时防火封堵不严密、防火阻燃涂料粉刷厚度不符合规范规定。

（2）电缆竖井防火封堵层底部支架承重强度不够，威胁作业人员安全。

（3）电缆防火封堵损坏恢复后封堵不严密，增补的电缆未刷防火涂料。

（4）防火封堵材料无出厂试验报告，试验报告的批次编号与交付材料批次编号不符。

二、要因分析及建议

（一）要因分析

（1）施工人员及监理未掌握 DL/T 5707—2014《电力工程电缆防火封堵施工工艺导则》的相关规定。

（2）施工作业指导书编制的内容，不符合 DL/T 5707—2014《电力工程电缆防火封堵施工工艺导则》的规定。

（3）施工作业交底流于形式，施工人员按习惯施工，未按设计要求及《电缆防火封堵施工工艺导则》的相关规定施工。

（4）质量验收人员及监理人员未按相关规范、规程验收，未做到尽职尽责。

（二）建议

（1）加强标准的动态管理，施工、监理等相关人员应熟悉并掌握

DL/T 5707—2014《电力工程电缆防火封堵施工工艺导则》的相关规定。

（2）电缆防火封堵施工及验收严格按施工作业指导书或 DL/T 5707—2014《电力工程电缆防火封堵施工工艺导则》的相关规定执行。

（3）监理人员应加强质量检查验收力度，上道工序未验收合格，不得允许下道工序施工。

三、 质量风险预控要点

（1）电缆孔洞防火封堵严密，阻燃措施齐全，符合技术规范规定。

（2）电缆防火封堵施工工艺符合 DL/T 5707—2014《电缆防火封堵施工工艺导则》的相关规定。

（3）防火封堵材料应有出厂试验报告，报告批次编号应与到货材料批次编号相符。

第八节 电 气 试 验

一、 常见质量问题

（1）未见变压器压力释放阀或温度计的检定报告。

（2）密度继电器无核对性校验记录。

（3）电气就地仪表未贴检验合格证，仪表刻度未画出额定值红线。

（4）交接试验报告中无所采用的仪器、仪表名称、规格、编号及使用有效期。

（5）继电保护调试报告中未见二次回路的调试记录。

（6）定值通知单编、审、批签字不全，且未盖单位公章，未注明版次或是否为最终版。

（7）无柴油发电机组启动调试试运记录、报告。

二、 要因分析及建议

（一）要因分析

（1）变压器压力释放阀属于非电量仪表，应送有资质的非电量计量装置检测中心检定。

（2）标准动态管理不当，未按已实施的 DL/T 5293—2013《电气设备交接试验报告统一格式》的规定编写交接试验报告，导致电气设备交接试验报告中试验所采用的标准仪器、仪表记录不完整，无仪器仪表的编号及有效期等情况。

（3）调试过程中未收集继电保护二次回路调试的相关试验记录或收集后保管不当，导致无资料编入继电保护调试报告。

（4）建设单位或监理质检人员未及时收集由制造厂人员负责调试的柴油发电机组调整试验过程记录和调试报告或收集后未及时归档。

（二）建议

（1）调试及监理人员应严格按照相关标准及调试方案（措施）调试、验收、编写调试报告，树立对所负责的调试质量终身负责的责任感。

（2）随设备供货的温度计当无出厂检定报告或超过使用有效期时，应重新进行检定；变压器压力释放阀应送有资质的非电量计量装置检测中心进行检定。

（3）全厂接地系统接地阻抗测试，属于电气特殊试验项目，应由有资质的试验单位完成。

（4）电气设备交接试验记录、报告应符合 DL/T 5293—2013《电气设备交接试验报告统一格式》的规定。

（5）定值通知单编、审、批签字盖章齐全，并注明有效版本及通知日期。

三、质量风险预控要点

（1）带电设备的电气设备试验项目齐全，试验合格，报告规范。

（2）绝缘油（或 SF_6 气体）试验合格、报告齐全。

（3）气体继电器、压力释放阀、温度计等非电量计量装置检定合格。

（4）充气设备气体压力、密度继电器报警和闭锁值符合产品技术要求。

（5）断路器、隔离开关、接地开关及操动机构动作可靠，分、合闸指示正确。

（6）隔离开关接触电阻及三相同期值符合产品技术要求。

（7）电气测量仪表检定合格，并在使用有效期，且检定报告齐全。

（8）直流系统投运正常，保安电源投、切可靠。

（9）柴油发电机组调整试验、启动试运验收合格，记录齐全。

（10）接地网导通试验合格、独立避雷针接地电阻测试符合设计要求。

（11）接地电阻测试合格，报告齐全。

（12）电除尘升压试验验收合格。

（13）保护定值通知单及保护定值整定记录审批手续齐全。保护定值按最终版通知单整定完毕，保护装置传动试验正确。

（14）电气设备和控制系统运行正常。

（15）电气保护及测量装置运行正常。

第九节 设 备 系 统 标 识

一、 常见质量问题

（1）各配电装置室及配电装置无命名、编号或命名、编号不齐全。

（2）母线、相色无标识或标识不齐全。

（3）就地电气设备无命名、编号或命名、编号不全。

（4）电缆标识牌不齐全。

（5）接地装置无标识色、接地点无标识或标识不齐全。

二、 要因分析及建议

（一）要因分析

（1）运维单位未参与重要电气设备、系统的检查验收及调整试运。

（2）运行单位对设备、系统试运管理责任认识缺失。

（3）对设备正式命名、编号标识等的重要性，责任感重视不够。

（二）建议

（1）运维单位应及时参与重要电气设备、系统的检查验收、调整、试运及交接验收，并及时完成设备标识准备工作。

（2）加强运行单位对代保管设备、交运设备系统安全监督的责任感，及时做好设备正式命名、编号、标识工作。

三、 质量风险预控要点

试运、投运设备命名、编号及标识齐全、正确。

第六章 热 控 专 业

第一节 盘、柜安装

一、常见质量问题

（1）盘底座未刷面漆。

（2）盘、柜内积灰，就地盘、柜内施工遗留物未清理。

（3）室外端子箱密封不严，存在漏雨现象。

（4）盘、柜表面污染、面漆脱落、门扇变形。

（5）现场仪表柜、保温保护箱内存放施工工具、材料，造成柜内表面污损、元器件损坏、丢失。

（6）盘、柜的命名及编号不齐全。

二、要因分析及建议

（一）要因分析

（1）建设、监理、施工单位专业技术人员对本专业标准条文不熟悉，对设备资料、设计文件不了解。

（2）施工作业交底流于形式，施工人员按习惯施工，施工及质量验收环节把关不严。

（3）施工组织设计、作业指导书等技术文件编制未结合工程实际编制，指导性和可操作性不强。

（4）赶工期，为满足施工进度放松质量控制。

（5）质量验收人员及监理未尽职尽责。

（6）建筑与安装配合不当，电子设备间不具备安装条件时，盘、柜已开始就位。

（二）建议

（1）施工组织设计、作业指导书等技术文件应结合工程实际编制。

（2）建设、监理、施工单位专业人员应熟悉施工图要求和规范规定。

（3）自工程建设开始，加强标准的动态管理，对新标准进行宣贯、执行。

（4）施工单位应组织必要的技术、质量管理人员进行培训，保证工程施工质量控制过程有效、有序进行。

（5）质量验收人员应尽心尽责，严格控制施工质量的验收。

（6）监理人员应加强过程检查力度，在发现上道工序未经验收合格，便进行下道工序施工时，应立即通知停工，待上道工序验收合格方可同意复工。

（7）监理人员应加强盘、柜安装质量的检查验收，避免盘、柜安装不规范等现象。

（8）项目开工前制定质量通病预防措施。

三、 质量风险预控要点

（1）热控盘、柜安装整齐、牢固。

（2）盘、柜底座应在地面二次抹面前安装，并应固定牢固、接地可靠。

（3）控制室和电子设备室的盘、柜安装应在建筑装饰装修基本完成后进行。

（4）电子间的温度和湿度符合技术规范规定。

第二节　接　　　地

一、 常见质量问题

（1）盘、柜内等电位接地与保护装置接地混连。

（2）控制盘、柜与柜门间缺少保护跨接线。

（3）电动门动力电缆金属软管未跨接接地。

（4）屏蔽电缆、补偿导线的屏蔽层接地及对绞屏蔽层接地不符合规范规定。

（5）全线路屏蔽层缺少电气连续性（通过中间端子柜或接线盒时两端的屏蔽层未连接）或存在两点接地。

二、 要因分析及建议

（一） 要因分析

（1）建设、监理、施工单位专业技术人员对本专业标准条文不熟悉，对设备资料、设计文件不了解。

（2）施工作业交底流于形式，施工人员按习惯施工，施工及质量验收环节把关不严。

（3）施工组织设计、作业指导书等技术文件编制未结合工程实际编制，指导性和可操作性不强。

（4）赶工期，为满足施工进度放松质量控制。

（5）质量验收人员及监理未尽职尽责。

（6）未按设计图纸要求进行各类接地的施工。

（二） 建议

（1）施工组织设计、作业指导书等技术文件编制应结合工程实际编制。

（2）建设、监理、施工单位专业人员应熟悉施工图要求和规范规定。

（3）自工程建设开始，加强标准的动态管理，对新标准进行宣贯、执行。

（4）施工单位应组织必要的技术、质量管理人员，保证工程施工质量控制过程有效、有序进行。

（5）质量验收人员应尽心尽责，严格控制施工质量的验收。

（6）监理人员应加强过程检查力度，在发现上道工序未经验收合格，便进行下道工序施工时，应立即通知停工，待上道工序验收合格方可同意复工。

（7）监理人员应加强接地施工质量的检查验收，避免接地不规范等现象。

（8）项目开工前制定质量通病预防措施。

三、 质量风险预控要点

（1）接地方式和接地电阻应符合设计要求，接地标识清晰。

（2）接地线连接应牢固、可靠，不得串联接地。

第三节 电缆敷设及接线

一、 常见质量问题

（1）动力电缆和控制电缆未分层敷设。

（2）桥架内电缆填充率不合理，桥架内电缆过多，溢出桥架。个别桥架内无电缆。

（3）桥架与电缆保护管连接采用电焊或火焊，未采用专用连接件连接。未采用机械开孔。

（4）电缆分支槽盒转角弯曲半径不符合设计要求、不同分支槽盒过渡不平缓。电缆管内径与电缆外径比例不符合规范规定。电缆管内径应大于1.5倍的电缆外径。

（5）电缆桥（支）架切割后未打磨毛刺和利口，电缆敷设过程中划伤电缆，造成电缆损坏。

（6）电缆桥架盖板不全、变形。

（7）管道支吊架穿电缆桥架。桥架与热力管道间距不够。电缆线路距热力设备、管道太近时，未采取隔离措施。

（8）保护管穿过平台、钢格栅时，随意开孔，与钢格栅直接焊接。

（9）预埋的保护管未做临时封口。

（10）电缆沟内接地扁钢接头焊接处未做防腐处理。

（11）电缆软管接头紧固不牢，接头脱落；金属软管扭绞受力造成开裂。

（12）电缆保护管连接不采用套管，而直接对焊连接。

（13）下进线设备电缆保护管管口高于进线口，造成设备进水。

（14）盘、柜内电缆备用芯露芯，备用芯长度不够，备用芯未编号，无保护帽。

（15）控制电缆屏蔽接地，一个接地端子上压接的屏蔽线超过 6 根，不符合规范规定。

二、 要因分析及建议

（一） 要因分析

（1）建设、监理、施工单位专业技术人员对本专业标准条文不熟悉，对设备资料、设计文件不了解。

（2）施工作业交底流于形式，施工人员按习惯施工，施工及质量验收环节把关不严。

（3）施工组织设计、作业指导书等技术文件编制未结合工程实际编制，指导性和可操作性不强。

（4）赶工期，为满足施工进度放弃质量控制。

（5）质量验收人员及监理未尽职尽责。

（6）施工人员未按设计院提供的电缆敷设路径进行电缆敷设。

（二） 建议

（1）施工组织设计、作业指导书等技术文件编制应结合工程实际编制。

（2）建设、监理、施工单位专业人员应熟悉施工图要求和规范规定，加强图纸会检，设计院应加强施工图设计深度和三维出图，减少施工单位的现场二次设计。

（3）自工程建设开始，加强标准的动态管理，对新标准进行宣贯、执行。

（4）施工单位应组织必要的技术、质量管理人员，保证工程施工质量控制过程有效、有序进行。

（5）质量验收人员应尽心尽责，严格控制施工质量的验收。

（6）监理人员应加强过程检查力度，在发现上道工序未经验收合格，便进行下道工序施工时，应立即通知停工，待上道工序验收合格方可同意复工。

（7）监理人员应加强电缆敷设工艺、质量的检查验收，避免桥架内电缆敷设不合理、溢出桥架、动力/信号电缆不分层、接地不规范等现象。

（8）项目开工前制定质量通病预防措施。

三、 质量风险预控要点

（1）电缆桥架架设合理，安装稳固，桥架接地符合规范规定。

（2）电力、控制、信号电缆的敷设应符合规范规格。

（3）每个电缆桥架内的电缆敷设，应分层和平整，且不宜超过4层。

（4）计算机及监控系统信号电缆屏蔽接地方式和接地电阻符合设计要求，验收合格。

第四节 防火封堵及防火涂料粉刷

一、 常见质量问题

（1）电缆孔洞、防火封堵不严密，防火阻燃涂料粉刷厚度不符合规范规定。

（2）电缆竖井防火封堵层底部承重支架强度不够，威胁作业人员安全。

（3）电缆防火封堵损坏后恢复不严密，增补电缆未刷防火涂料。

（4）部分穿墙孔洞，盘、柜仪表管进孔未封堵或封堵不严密。

（5）厂家提供的防火封堵材料是型式试验报告，而不是出厂试验报告。

二、 要因分析及建议

（一） 要因分析

（1）建设单位、监理、施工专业技术人员对本专业标准条文不熟悉，对设备资料、设计文件不了解。

（2）施工作业交底流于形式，施工人员按习惯施工，施工及质量验收环节把关不严。

（3）施工组织设计、作业指导书等技术文件编制未结合工程实际编制，指导性和可操作性不强。

（4）赶工期，为满足施工进度放弃质量控制。

（5）质量验收人员及监理未尽职尽责。

（6）未按设计及标准规定进行防火封堵施工。

（二） 建议

（1）施工组织设计、作业指导书等技术文件编制应结合工程实际编制。

（2）建设、监理、施工单位专业人员应熟悉施工图要求和规范规定。

（3）自工程建设开始，加强标准的动态管理，对新标准进行宣贯、执行。

（4）施工单位应组织必要的技术、质量管理人员，保证工程施工质量控制过程有效、有序进行。

（5）质量验收人员应尽心尽责，严格控制施工质量的验收。

（6）监理人员应加强过程检查力度，在发现上道工序未经验收合格，便进行下道工序施工时，应立即通知停工，待上道工序验收合格方可同意复工。

（7）监理人员应加强防火封堵材料及施工质量的验收。

（8）项目开工前制定质量通病预防措施。

三、 质量风险预控要点

（1）防火堵料封堵应表面平整、牢固严实、无脱落或开裂。阻燃涂料的涂刷应厚薄均匀。

（2）防火涂料涂刷的长度和厚度应符合技术规范要求。

（3）防火封堵材料应有出厂试验报告，且试验报告批次编号应与防火封堵材料批次编号相符。

第五节 设 备 安 装

一、 常见质量问题

（1）仪表管路、设备、支架油漆不完整，有返锈现象，防腐不合格，表面有污染。仪表管支架焊接后未及时清理焊瘤。

（2）长距离敷设的仪表管固定支架架设不符合规范规定，易随设备振动而晃动，造成固定点疲劳裂纹。

（3）少量仪表管支架固定不牢固。不锈钢取源管与碳钢支架、卡子未进行有效隔离。

（4）穿墙（地面）的仪表管路未加装保护套管，保护套管选型随意、预留长度不一。

（5）个别仪表管与热力管道距离不够或穿管道保温层。

（6）仪表管路施工时未考虑主设备热膨胀。

（7）部分就地操作箱、事故按钮、端子盒、电气动门进线位置不当，易造成进水。

（8）变送器排污槽安装随意、不规范，对空排放或直排。

（9）就地安装的指示仪表无检定标识。

（10）仪表管和保护管固定用的 U 形卡螺栓露丝过长，超过 2～3 扣，弹簧垫片、平垫片缺失。

（11）端子箱、电动门接线盒盖等螺栓不全，橡胶密封圈损坏或丢失。

（12）仪表安装位置不方便检修、巡检，仪表设备安装未露出保温层或固定不牢固。

（13）仪表设备盒盖丢失或缺少固定螺栓。

（14）就地设备命名、编号不全，阀门标识牌缺失或与实际设备不符。

（15）仪表阀门手轮缺失。

二、要因分析及建议

（一）要因分析

（1）建设单位、监理、施工专业技术人员对本专业标准条文不熟悉，对设备资料、设计文件不了解。

（2）施工作业交底流于形式，施工人员按习惯施工，施工及质量验收环节把关不严。

（3）施工组织设计、作业指导书等技术文件编制未结合工程实际编制，指导性和可操作性不强。

（4）赶工期，为满足施工进度放弃质量控制。

（5）质量验收人员及监理未尽职尽责。

（6）未按规范规定施工。

（7）设备成品保护意识不强。

（二）建议

（1）施工组织设计、作业指导书等技术文件编制应结合工程实际编制。

（2）建设、监理、施工单位专业人员应熟悉施工图要求和规范规定，加强图纸会检；设计院应加强施工图设计深度和三维出图，减少施工单位的现场二次设计。

（3）自工程建设开始，加强标准的动态管理，对新标准进行宣贯、执行。

（4）设计人员应常驻现场，并深入现场检查，指导施工单位进行仪表管、保护管路径的二次设计。

（5）施工单位应组织必要的技术、质量管理人员，保证工程施工质量控制过程有效、有序进行。

（6）质量验收人员应尽心尽责，严格控制施工质量的验收。

（7）监理人员应加强过程检查力度，在发现上道工序未经验收合格，便进行下道工序施工时，应立即通知停工，待上道工序验收合格方可同意复工。

（8）监理人员应加强管道敷设和施工质量的验收。

（9）项目开工前制定质量通病预防措施。

三、质量风险预控要点

（1）合金钢取源部件光谱分析复查合格，报告齐全。

（2）一次测量部件、变送器和开关量仪表校验合格，报告齐全。

（3）仪表设备安装合理，无妨碍检修、通行现象。

（4）仪表管的敷设应符合规范规定。

（5）汽轮机轴向位移、转速、振动等测量装置安装符合规范规定。

第六节　热控单体调试

一、常见质量问题

（1）阀门力矩开关、限位开关调整不当。

（2）测量元件校验报告不齐全。

（3）电子设备间部分设备已带电，暖通系统安装调试未完，临时措施不满足 DCS 系统运行要求。

（4）DCS（ECS）系统等电位接地电阻未测试。

二、要因分析及建议

（一）要因分析

（1）建设单位、监理、施工专业技术人员对本专业标准条文不熟悉，对设备资料、设计文件不了解。

（2）质量验收人员及监理未尽职尽责。

（3）赶工期，为满足施工进度降低质量要求。

（4）土建交付安装不及时。

（5）未按规范规定进行试验或调试。

（二）建议

（1）自工程建设开始，加强标准的动态管理，对新标准进行宣贯、执行。

（2）施工单位应组织必要的技术、质量管理人员，保证调试质量过程可控。

（3）监理人员应加强阀门调试质量的验收。

（4）加强计量管理，计量器具、台账应完整、清晰，计量人员持证上岗。

（5）项目开工前制定质量通病预防措施。

三、 质量风险预控要点

（1）DCS（ECS）系统等电位接地电阻符合规范规定或出厂技术文件要求。

（2）阀门力矩开关、限位开关调整符合技术规范规定。

（3）气源压力、清洁度等指标符合规范规定。

（4）保护定值通知单及保护定值整定记录审批手续齐全并已签章。

第七章 调整试验及生产准备

调整试验是对发电机组设计、制造、安装以及生产运行准备进行全方位检验的关键环节，是工程移交商业运行前的最后一个关键步骤，调试质量的好坏影响着整个工程的性能、运行可靠性、安全性。生产准备是试运过程中的关键因素，通过精心的生产准备可确保机组试运顺利进行，为试运行阶段平稳过渡至商业运行阶段打下良好的基础。

第一节 分 部 试 运

一、常见质量问题

（一）调试

（1）高压带电设备的特殊试验项目不全，试验结论不明确。

1）气体绝缘的电流互感器安装后应进行现场老练试验的项目漏做或进行了老练试验但无明确结论。

2）绕组额定电压为110（66）kV及以上的变压器的中性点交流耐压试验项目遗漏。

3）110kV电压等级的变压器未进行现场局部放电试验。

4）电气特殊项目试验方案编制不完整，试验报告不齐全。

（2）变压器交接试验项目不全或试验记录数据不准确。

1）未测量绕组连同套管的极化指数，变压器低压侧绕组的交流耐压试验项目漏做，变压器局部放电后未做油色谱分析。

2）变压器交流耐压试验项目中，试验电压值与规程规定不符。

3）交接试验报告中某些试验项目实测值与出厂值未做比较。

（3）断路器、组合电器交接试验项目不全。

1）未测量真空断路器分、合闸同期时间和合闸时触头的弹跳时间。

2）断路器有两个跳闸线圈，仅测量了其中一个线圈动作的分闸时间。

3）真空断路器交接试验报告中填写的断路器合闸时触头的弹跳时间超标。

4）断路器交接试验报告中，未填写产品技术参数要求数据值。

（4）互感器交接试验参数不正确。

1）电磁式电压互感器励磁曲线测量项目中，对于中性点非直接接地系统，半绝缘结构或全绝缘结构电磁式电压互感器最高测量点电压值与规程规定不符。

2）电流互感器励磁特性曲线测量项目中，二次绕组电流值填写错误。

（5）金属氧化物避雷器交接试验项目不全或试验记录数据不准确。

1）未测量氧化锌避雷器基座绝缘电阻。

2）现场三相避雷器放电计数器数值不一致。

（6）电气设备及防雷设施的接地阻抗测试项目中存在漏项。

1）全厂接地网接地电阻测试时，未测量接触电位差、跨步电压。

2）各相邻设备接地线之间的电气导通测试未进行。

（7）电流、电压、控制、信号等二次回路检查，断路器回路传动试验内容不齐全。

1）无互感器二次负载现场实测记录。

2）断路器二次回路传动记录中缺防跳继电器、非全相继电器的检查内容。

（8）保护及自动装置调试内容不齐全。

1）保护装置静态调试报告中缺二次回路绝缘检查的内容。

2）正式版继电保护定值单未下发。

（9）DCS系统操作、信号、监控及保护联锁功能或传动试验未全部完成。

1）变压器绕组温度、油面温度、有载调压挡位等信号在 DCS 监控画面中显示值与就地不一致。

2）DCS 系统操作、信号，监控及保护联锁试验记录不齐全。

3）SOE 功能不能正常实现。

4）DCS 电源切换试验无报告。

（10）高压带电设备试验报告不规范。

1）调试报告中未填写试验使用仪器、仪表的型号和编号，不具备可追溯性。

2）报告未经审核、批准。电气设备交接试验报告无结论性意见。

3）试验人员名字以打印代替手签。

4）启动备用变压器单体调试，记录格式不符合 DL/T 5293—2013《电气装置安装工程　电气设备交接试验报告统一格式》的规定。

5）变压器套管试验未进行主绝缘及末屏绝缘电阻测量。

6）变压器套管电容量测量值未与出厂值进行比对，其变化值超出了 $\pm 5\%$。

（11）互感器的接线组别和极性、绕组的绝缘电阻、互感器参数测量偏差等问题。

1）220kV 电流互感器发电机-变压器组和主变压器用 TPY 等级励磁特性曲线没有做到饱和点。

2）试验记录格式不符合 DL/T 5293—2013《电气装置安装工程　电气设备交接试验报告统一格式》的规定。

（12）DCS 系统接地电阻测试问题。

1）DCS 系统接地电阻未测试。

2）验收表中接地电阻测试值不准确。

（13）电气测量变送器未及时校验。

（14）整套启动前应该完成的调试项目未全部完成。

1）锅炉、汽轮发电机附属机械和辅助设备系统保护与联锁试验。

2）汽轮机旁路冷态试验。

3）全厂接地网电气完整性测试。

4）柴油发电机调试。

5）应急照明系统切换试验。

6）机、炉、电大联锁试验。

7）火灾报警、消防水泵的联动试验。

8）输煤系统的除尘设备调试。

（15）试验报告不规范。

1）试验报告试验数据不完整、无明确结论。

2）个别试验结果应与设计值（或出厂值）比较的，未换算到设计工况与设计值（或出厂值）进行比较。

（二）生产运行

（1）试运隔离措施不完善，受电区域与非受电区域未进行有效隔离，试运区域与非试运区域未进行有效隔离。

（2）设备和系统的命名编号、介质流向、标识不齐全。

（3）安全警示、警告标识不齐全。

（4）部分运行管理制度、操作维护手册、运行系统图册未能在整套启动前正式发布。

（5）电气、热控系统等设备的保护定值清单未经审批正式出版或清单不完善。

（6）GIS室内 SF_6 泄漏监测装置未检定。

（7）消防设施未能在整套启动前验收合格。

（8）电厂化学实验室在整套启动前尚不具备化验条件。

二、 要因分析及建议

（一）要因分析

（1）调试人员技能原因。调试人员未充分掌握相关标准内容，造成试验过程不规范、测试内容不全、数据超标未及时处理等。

（2）调试方案及报告审核人员审核不严格。

（3）个别调试、试验人员工作不严谨，造成调试数据不准确，未进行就地仪表与操作员站显示值的核对。

（4）工程建设工期不合理，致使调试项目不能在相应节点前完成。

（5）监理人员检查不到位，调试用仪器检定报告未按规定报审。

（6）工程监理、建设人员专业技能缺乏，对调试项目验收不严格。

（7）工程前期对消防系统重视程度不够，消防系统的安装调试进度滞后于主体工程的进度。

（8）工程建设方对 DL/T 5437—2009《火力发电建设工程启动试运及验收规程》相应条款理解不充分，合同工作范围与 DL/T 5437—2009《火力发电建设工程启动试运及验收规程》中的各单位职责范围有不一致的内容，致使参建相关单位具体工作人员工作界限不清。

（9）保护定值的计算、审核进度未跟上工程的建设进度。

（10）前期缺少策划，准备工作不充分；生产单位设备命名、编号、系统标识工作跟不上工程进度。

（11）生产单位对运行管理制度、运维手册、系统图等未引起足够的重视，相关负责人落实责任较晚，整个出版进度未跟上主体工程建设进度。

（12）日益增加的装机容量与相对固定的技术人员编制的矛盾日益突出，调试人员平均素质有待进一步提高。建设、监理、生产运行单位同样也面临着经验丰富的技术人员缺乏的问题，造成各种责任不明、程序不清等。

（13）日益增强的人员培训需求与国家行政减负政策的矛盾。最近几年来，电力人才的频繁流动，技术骨干的严重流失，导致企业调试能力整体下降，而调试新鲜血液的培训技术能力有待进一步提升。

（14）赶工期忽视了调试的合理工期。调试是工程的最后一个环节，在设计、土建、施工、供货、设备安装等环节拖欠下来的工期常常希望在调试阶段能追赶回来，因此也埋下了质量安全隐患。

（二）建议

（1）调试企业应加强调试人员的技能培训工作，一方面做好新人的培训工作，另一方面针对新技术、新产品、新工艺、新材料、新设备应用，做好继续教育工作。培训形式可以多样化，如专家授课、会议技术交流、网络视频等。

（2）保证合理的调试工期，避免因进度需求而省却相关规范规定的步骤；避免因人员疲劳作战而埋下质量安全隐患。

三、质量风险预控要点

（一）调试

（1）厂用电受电前调试质量风险预控要点：

1）受电范围内电气一、二次系统应完整。

2）受电范围内电气设备的交接试验项目应齐全，电气设备试验项目应符合 GB 50150—2016《电气装置安装工程　电气设备交接试验标准》的相关规定，试验合格，报告齐全。

3）受电范围内的电气特殊试验项目应全部完成，试验合格，报告齐全。

4）受电范围内一次系统相关保护装置静态调试应合格，二次回路传动试验（含计算机"五防"逻辑）应全部完成，并验收签证。

5）电流、电压互感器的二次回路接地方式正确，且为一点接地。

6）受电前，电气设备及防雷设施的接地阻抗测试应符合设计要求，报告齐全。

7）通信、远动装置应调试完成，具备投运条件。

8）受电前，DCS 接地系统接地电阻测试应完成，接地电阻值符合设计要求。

9）受电范围内 DCS 系统操作可靠、信号正确，监控及保护联锁功能试验完成且符合设计要求。

10）电气保护定值的编、审、批，保护定值的整定应已完成。

（2）分系统调试验收项目应与分系统试运质量验收范围划分表项目相符并验收合格。

（3）锅炉本体及炉前化学清洗合格，签证记录齐全，清洗废液处理符合 DL/T 794—2012《火力发电厂锅炉化学清洗导则》的相关规定。

（4）主（再热蒸汽）、高低压旁路、轴封蒸汽管道及给水泵汽轮机进汽管道蒸汽吹扫合格，签证记录齐全。

（5）锅炉、汽轮机辅机及系统保护与联锁试验记录齐全，试验条件与动作结果符合设计要求。

（6）发电机-变压器组保护调试报告数据齐全，保护项目、定值设置与定值单相符。保护传动试验合格。

（7）发电机励磁、同期系统调试合格。

（8）直流蓄电池充、放电试验记录完整。

（9）柴油发电机调试合格，自启动功能正常。

（10）UPS 切换试验记录齐全，切换过程符合设计要求。

（11）已投入电气设备参数在操作员站上显示正确。

（12）燃气轮机发电机变频启动装置调试合格，启动功能正常。

（13）热控自动回路模拟试验记录齐全，执行机构动作方向符合设计要求。

（14）热控保护定值与定值清单一致。

（15）DEH 操作员站汽轮机主汽门与调速汽门阀位显示与现场阀位一致。

（16）锅炉、汽轮机辅机及系统安全门整定试验动作值与设计值相符。

（17）高压厂用电系统快切装置静态试验报告、低压厂用电系统备自投试验报告齐全。

（18）发电机内冷水系统水质符合厂家技术要求，断水保护试验结果符合厂家技术要求。

（19）发电机氢气纯度、露点符合厂家技术要求。

（20）润滑油、抗燃油油质符合规程规定，并出具报告。

（21）机组启动曲线已经绘制完成，并张贴在主控制室内。

（22）机、炉、电大联锁试验记录逻辑功能表达清楚，模拟动作结果符合设计要求。

（二）生产准备

（1）受电前生产准备质量风险预控要点。

1）受电前，控制室与电网调度操作人员之间的通信联络须通畅。

2）受电区域与非受电区域及运行区域应可靠隔离，警示标识齐全、醒目。

3）受电范围内设备命名编号及控制盘、柜双面标识应准确、齐全。设备运行安全警示标识醒目。

4）电气保护定值的编、审、批已完成。

（2）设备、阀门、管道介质名称和流向标识齐全、醒目。

（3）移动式消防设施配置符合设计要求。

（4）固定式消防设施齐全，消防介质符合设计要求。备用消防水泵联锁启动功能正常。

（5）试运区域与运行区域隔离措施完善。

（6）运行维护工器具配备齐全、仪器仪表经检验合格。

（7）运行日志、操作票、检修工作票、停送电票、逻辑修改申请单等齐备。

（8）满足生产要求的运行人员已及时就位。

第二节　整套启动试运

一、常见质量问题

（一）调试单位

（1）部分涉网试验（如进相试验）未完成。

（2）工程进度安排上的问题，供热机组热网系统的调试工作未能及时完成。

（3）个别指标不符合标准规定：热力设备及管道外表面有超温现象（高压缸、锅炉烟道、炉顶大罩、汽包区域、燃烧器区域及给水泵汽轮机汽缸比较常见），给水泵汽轮机、汽轮机轴瓦振动大等比较普遍。

（4）RB试验条件不完整，如风门挡板关闭时间不符合设计要求、关闭不严密或试验负荷不符合规范规定。

（5）调试或试验报告不规范。

1）性能试验报告有定量数据，却无定性结论。

2）未对结果是否符合设计值或厂家保证值进行评判。

3）个别调试验收表中未按设计要求填写实际参数，只填写"符合设计要求"。

4）部分试验报告调试记录无编号、无试验时间。

5）个别试验记录数据与现场实际不一致。

6）缺少锅炉膨胀记录。

7）调试报告的审批、出版、归档工作未能及时完成，调试资料归档不全。

（二）生产运行单位

（1）设备命名、编号、系统管道介质流向标识不齐全，有些用临时标识牌代替。

（2）真空严密性试验及发电机漏氢试验未按规程规定进行。

二、要因分析及建议

（一）要因分析

（1）调试人员技能原因。调试人员未充分掌握相关标准内容，造成试验过程不规范、测试内容不全、数据超标未及时处理等。

（2）调试方案及报告审核人员审核不严格。

（3）个别调试、试验人员工作不严谨，造成调试数据不准确，未进行就地仪表与操作员站显示值的核对。

（4）工程建设工期不合理，致使调试项目不能在相应节点前完成。

（5）监理人员检查不到位，调试用仪器检定报告未按规定报审。

（6）工程监理、建设人员专业技能缺乏，对调试项目验收不严格。

（7）工程前期对消防系统重视程度不够，消防系统的安装调试进度滞后于主体工程的进度。

（8）工程建设方对 DL/T 5437—2009《火力发电建设工程启动试运及验收规程》相应条款理解不充分，合同工作范围与 DL/T 5437—2009《火力发电建设工程启动试运及验收规程》中的各单位职责范围有不一致的内容，致使参建相关单位具体工作人员工作界限不清。

（9）保护定值的计算、审核进度未跟上工程的建设进度。

（10）前期缺少策划、准备工作不充分，生产单位设备命名、编号、系统标识工作跟不上工程进度。

（11）生产单位对运行管理制度、运维手册、系统图等未引起足够的重视，相关负责人落实责任较晚，整个出版进度未跟上主体工程建设进度。

（12）日益增加的装机容量与相对固定的技术人员编制的矛盾日益突出，调试人员平均素质有待进一步提高。建设、监理、生产运行单位同样也面临着经验丰富的技术人员缺乏，造成各种责任不明、程序不清等。

（13）日益增强的人员培训需求与国家行政减负政策的矛盾。最近几年来，电力人才的流动日益频繁，调试人员的新鲜血液也越来越多，需要通过有效的培训，使之能快速上岗。

（14）赶工期忽视了调试的合理工期。调试是工程的最后一个环节，在设计、土建施工、供货、设备安装等环节拖欠下来的工期常常希望在调试阶段能追赶回来，因此也埋下了质量安全隐患。

（二）建议

（1）企业应具有担当意识，承担一定社会责任，切实履行好同工同酬的法律规定。建设、监理单位应加强对调试单位的监管。

（2）做好调试人员的技能培训工作，一方面做好新人的培训工作，另一方面针对新技术、新产品、新工艺、新材料应用，做好继续教育工作。形式可以多样化，如专家授课、会议技术交流、网络视频等。

（3）保证合理的调试工期，避免因进度需求而省却相关规范规定的步骤，避免因人员疲劳作战而埋下质量安全隐患。

三、 质量风险预控要点

（一） 整套启动调试

（1）整套启动调试验收项目与整套启动试运调试质量验收范围划分表项目相符并验收合格。

（2）制粉系统调整完成，煤粉细度符合设计要求。

（3）锅炉初步燃烧调整完成，锅炉燃烧稳定、无明显热负荷偏差。

（4）锅炉安全阀整定完成、记录齐全。

（5）锅炉吹灰系统投运正常。

（6）汽轮发电机组按规定启、停正常。

（7）汽轮机旁路及防进水系统投运正常。

（8）汽（燃气）轮发电机组、驱动辅机的汽轮机超速保护装置已投入。

（9）主汽门、调速汽门动作灵活，汽轮机数字电液控制系统（DEH）阀位显示与就地开度一致。

（10）发电机氢冷系统、内冷水系统运行正常。

（11）继电保护和自动装置全部投入，无误动和拒动现象。

（12）电压自动控制系统（AVC）、电力系统稳定器（PSS）等涉网试验完成。

（13）厂用电快切装置投运正常。

（14）自动发电控制（AGC）、一次调频、辅机故障减负荷（RUN-BACK）系统功能试验完成，投运正常。

（15）热工保护装置按设计要求全部投入，运行可靠。

（16）漏氢检测装置运行正常，漏氢量符合产品技术文件要求。

（17）真空严密性试验符合规范规定。

（18）设备及厂界噪声测试合格。

（19）粉尘测试合格。

（20）汽轮机、燃气轮机轴系振动测试合格。

（21）散热测试合格。

（22）脱硫效率、脱硝效率能够满足设计要求。

（23）污染物排放指标符合环境保护的规定。

（二）生产准备

（1）按规程规定完成例行真空严密性试验、发电机漏氢试验以及辅机定期切换试验。

（2）严格执行联锁保护切除/投入审批程序。

第二部分 输变电工程

第八章 质 量 管 理

经过分析目前输变电工程常见质量问题的成因，提出输变电工程建设质量管理方面需要加强的防范措施。总体体现在以下几个方面：

（1）无序竞争造成参建单位技术力量薄弱，专业后备人才严重不足，管理不力。建设单位多数注重项目审批和工期进度，工程建设管理人员配备少，专业素质不高，缺乏工程管理经验，管理不到位；监理单位监理人员多为聘用非专业人员，年纪偏大且缺乏监理工作专业知识培训，导致监理的监管不力；勘察设计单位因项目多，设计人员短缺，新手缺少老设计人员的传帮带，设计和现场服务处于应付；施工单位战线拉长，有经验的专业施工技术人员不足，甚至是身兼几个项目工作，不满足各项目建设的需求。

（2）工程赶工现象，违背工程建设工期设定的合理性。盲目追求建设进度，以牺牲质量和安全为代价，其带来的危害是不言而喻的。

（3）质量控制不严，审查形同虚设，质量责任人签字随意。监理单位人员业务素质不高，不能有效地对工程实行质量控制。监理对工程质量要求的报审和验收，审查不严或根本未审查，签字随意。建设单位认为有监理单位对工程进行质量监管，因而从思想上放任，见有监理签字就跟随签字，不认真履行建设单位质量控制的职责。

（4）重设计轻交底，没有将设计意图、设计特点及施工重点要求进行说明，影响工程质量。建设单位缺乏组织设计、设备要求的交底意识，而设计单位缺乏主动进行设计交底的行为，将本应该主动向建设、监理、施工单位做设计交底的，变为被动的对施工图会检提出的问题进行回复。

综上所述，质量管理的主观能动性是确保工程质量的基础，始终贯穿于整个工程建设。要提升工程质量，将工程质量各项管理，包括工程设计、土建施工、设备安装调试等意图保质保量地得以落实，应从加强所有参建者的质量管理意识开始。

第一节 建 设 单 位

一、常见质量问题

（1）质量管理组织机构尚未建立，质量管理人员未到位。

（2）质量管理制度未能覆盖工程建设全过程、全方位的质量管理。

（3）工程采用的专业标准清单未及时编制、未审批，所列标准不全或失效。

（4）工程建设强制性条文计划与检查记录不规范。

（5）分包计划、分包商资质、分包合同未审批。

（6）工程建设质量目标不明确、不统一。

（7）未组织签署工程质量终身责任承诺书。

（8）未组织施工、监理单位编制工程质量检验及评定范围划分表。

（9）设计交底和施工图纸会检不规范。

（10）施工文件编制、签署滞后于项目管理要求时间。

（11）未取得消防验收报告或备案受理文件，公安消防部门未验收。

（12）启动验收委员会成立文件内容过于简单，没有针对性。

（13）工程试运指挥部相关制度和方案编、审、批不齐全。

二、要因分析及建议

（一）要因分析

（1）建设单位管理人员少，在实际工作中分工不明确，存在交叉管理的现象，现场管理痕迹不全，部分现场管理资料有委托监理单位编制的做法。

（2）建设单位部分管理人员专业素质有待提高，对工程管理相关标准、规范学习，理解不到位，对现行标准的更新、再版信息不能及时掌握，标准清单收集不全。编制的工程质量管理制度不能覆盖整个工程建设，且内容针对性、操作性差。

（3）建设单位缺乏管理经验，未能组织各参建单位进行图纸会检、签署工程质量终身责任承诺书、明确工程质量建设目标，对施工、监理单位上报资料审核把关不严。

（二）建议

（1）在工程开工前，建设单位应完成管理人员的专业培训工作。

（2）建设单位应严格审核各参建单位项目管理人员资格证书。

（3）加强对施工单位分包合同、分包商资质的管控。

（4）组织对建设工程有关法律法规及强制性标准的学习，熟练掌握本岗位业务知识，求真务实。

（5）建设单位应严格控制检测试验工作。

（6）各类检查记录、交底记录签署应完备，并应形成有效文件。

三、质量风险预控要点

（1）建设单位应规范建立工程建设组织机构，配备满足工程需要的管理人员。

（2）质量管理制度应能够覆盖工程全过程，专业标准清单实时有效。

（3）项目核准文件及相关合规性文件齐全、完整。

（4）按照住房和城乡建设部相关要求签署质量终身承诺责任书。

（5）建设单位应在工程开工前组织设计交底和施工图会检，并且确保建设、设计、监理、施工单位人员签字齐全。

（6）建设单位在施工过程中应规范验收管理，确保施工单位三级自检、监理初检、业主中间验收工作有序进行，对检查出的缺陷进行闭环管理。

（7）在工程投运前，组建工程试运指挥部和启动验收委员会，组成人员和管理制度满足规范规定。

（8）各阶段质量监督检查提出的限期整改意见应落实并闭环。

（9）工程应取得消防验收报告或备案受理文件，并通过公安消防部门验收。

第二节 勘 察 设 计 单 位

一、 常见质量问题

（1）企业资质、质量体系认证文件未报审或失效，无项目设总任命书、项目负责人执业资格证书。

（2）设计深度、设计专业配合不能满足工程实际需要。

（3）未按照施工阶段及时进行设计交底。

（4）设计更改及材料代用管理制度未编制或未审批，工程设计更改、技术洽商等文件不完整、手续不齐全、存在电子签名，图纸升版代替设计变更。

（5）正式图纸交付不及时，现场施工图使用电子版或使用未签字版图纸。竣工图纸交付不及时。

（6）强制性条文实施计划未编制或针对性差、强制性条文执行记录不规范。

（7）未编制工代服务管理程序文件，工代服务不到位。

（8）未对工程实体质量与勘察设计的符合性提出阶段性确认意见或确认意见过于简单。

（9）未按阶段参加或由工代代替参加地基验槽等质量验收活动。

二、 要因分析及建议

（一） 要因分析

（1）设计单位未执行规范，未考虑是否便于施工，有些图纸中选用材料性能指标、参数不明确，部分图纸只做了原则性说明，将要求和责任转移至施工单位。

（2）设计单位将图纸会检和设计交底两者概念混淆，设计意图、关键部位注意事项、关键点控制要求等交代不清，未能按要求将设计意图、设计特点等向建设、监理、施工单位人员交底。

（3）设计人员数量和资格未达到合同要求，人员受自身能力和水平限制，不能及时处理和制止施工中发生的影响工程质量的问题。

（4）由于设计合同中对于设计变更考核较为严格，为了规避设计责任，设计单位使用图纸升版的方式，减少设计变更数量，取消了正常的设计变更程序。

（5）设计任务重，设计院任命的设计人员不能及时到位，有的一人兼多个项目，不能及时完成设计，影响按合同计划出图，只能疲于应付。

（二）建议

（1）设计单位加强自身管理，提高设计人员的专业水平，特别是加强工代管理力度，确保现场工代人员能够解决工程中存在的实际问题。

（2）加强设计图纸管理，切实考虑现场施工条件，将设计意图、注意事项、关键点等要求进行详细说明，切实提高设计图纸质量。

（3）设计单位应配备足量的设计人员，严格按照审批通过的图纸交付计划完成图纸出版，确保设计图纸能够满足连续施工要求。

（4）设计单位应对建设、监理、施工提出工程联系单及时处理，并按规定及时参加单位工程、分部工程等验收并签证。

三、质量风险预控要点

（1）设计单位应按照合同要求配备足量的专业人员，严格现场工代的到岗到位管理。任命有执业资格的设计人员担任项目负责人。

（2）设计单位应规范进行设计交底工作，确保交底内容覆盖设计范围、设计意图、施工中应重点关注的问题，并形成会议纪要。

（3）勘察、设计单位项目责任人应参加施工主要控制网（桩）验收和地基验槽签证，签字、盖章齐全，验收意见明确。

（4）设计单位应出具工程实体质量与设计符合性的确认文件，且有满足阶段性工程质量要求的结论性意见。

（5）设计单位应核查设计交底以及图纸审查意见在施工图的落实情况，应将图纸会检中提出的问题加以整改并出具处理意见。

（6）建立和规范设计变更制度及程序，真实反映设计变更内容，杜绝用升版图代替设计变更的现象。

（7）设计单位责任人签字不应存在电子签名、复印件、扫描件等现象。

第三节　监　理　单　位

一、常见质量问题

（1）企业资质、质量体系认证文件未报审或失效。

（2）无项目总监任命书、项目总监执业资格证书（注册监理工程师）。监理人员资格证书不全、失效或不符合监理规范要求。监理人员数量不足，专业配备不全，无登高特种作业人员。

（3）工程建设强制性条文引用条款不全或引用失效条款，无监理强制性条文检查执行记录或强制性条文检查记录内容不全。

（4）监理工作大纲、监理规划及专业实施细则编制无针对性。

（5）分包计划、分包商资质、分包合同未审查。

（6）检测仪器和工具配备不全、台账不完整且检定证书过期。

（7）现场质量管理检查记录不全，检查结论填写不规范。

（8）对施工单位报验的原材料资料把关控制不严，进场材料、构配件的开箱检验记录不完整。

（9）工程特殊施工方案审核不到位。

（10）质量问题及处理台账不完整，记录不齐全，且未闭环。

（11）对工程质量各控制点，未严格监控，记录不翔实。

（12）未按照规范规定进行见证取样。

（13）监理初检不到位。

（14）工程质量评估报告中，对工程的评价过于简单。

二、 要因分析及建议

（一） 要因分析

（1）监理单位派出人员未按合同要求配置，现场项目部持证上岗的监理工程师数量偏少。

（2）部分监理人员业务能力不满足岗位要求，不能及时发现和解决现场存在的质量问题。

（3）监理人员未及时掌握新规范、新规程，管理文件编制依据中引用了部分失效的标准、强制性条文，无法行使有效管控。

（二） 建议

（1）对各施工单位编制的质量验收项目划分表及质量控制点的设定进行审批；旁站计划和旁站记录应与工程质量控制点的设置一致。

（2）进场材料、设备、构配件的质量跟踪管理台账及相对应的报验文件应完整，并设立原材料进场报验见证取样台账，质量检查验收记录填写内容应规范。

（3）严格执行监理规范，对各参建单位形成的项目文件进行认真审查，填写准确意见。

（4）施工现场质量管理检查符合规范规定，记录齐全。

三、 质量风险预控要点

（1）监理人员配置在开工前应及时向建设单位进行核查备案，在施工过程中加强到岗履职管理。

（2）监理单位应严格管理项目总监任命书、项目总监执业资格证书、监理人员资格证书，并按合同要求配置足量的监理人员，加强人员专业培训。

（3）监理单位应配备满足工程监理需要的检测设备和工器具，并设立管理台账，检定证书真实有效。

（4）监理人员应严格按照规定开展监理工作，加强对材料见证取样、设备开箱检验、施工旁站监理、施工资料审核管理。

（5）监理应对工程分包实施监管。对分包队伍的人员、资质、进、退场等变化情况进行检查，并形成检查意见。

第四节 施 工 单 位

一、常见质量问题

（1）工程承包单位资质报审材料不全，失效文件未及时更新并续报。

（2）计量器具配备及报审不全，无计量器具台账，计量器具检定过期未及时送检。

（3）检测试验计划未编制或编制不规范，未报审。

（4）分包计划、分包商资质、分包合同未报审。

（5）分包管理制度未编制或执行不到位。分包合同签订不规范。

（6）施工单位项目经理无法定代表人授权文件，项目经理、项目技术负责人无资格证书或证书存在过期现象。

（7）特殊工种人员证书不全，无台账。

（8）技术标准清单引用标准不全或失效，无报审手续。

（9）工程建设强制性条文执行计划引用条款不全、引用失效条款或未报审，无施工单位强制性条文检查执行记录或强制性条文检查记录内容不全。

（10）未结合工程实际编制施工质量检验及评定范围划分表，且未按照规定报审。

（11）施工方案不完善或未报审，审查不严格。特殊施工方案未编制或未组织专家论证与报批。

（12）技术交底内容与方案或作业指导书不相符，接受交底人签字不全。

（13）检测机构资质未报审。

二、 要因分析及建议

（一） 要因分析

（1）施工单位未严格履行国家有关施工类执业资格要求，施工项目经理、安全员、质检员等持证人员无法满足现有工程规模建设要求。

（2）施工单位管理人员一岗多职，对规范、规定和图纸不熟，施工方案照搬以往工程范本，导致指导性和操作性差。

（3）施工单位为节约成本，人为减少检测试验项目。

（4）施工单位管理人员缺乏对技术标准学习，规程规范标准条文掌握不及时。

（二） 建议

（1）施工单位应加强人员履责管理，严格按照规定开展管理工作。

（2）施工方案和作业指导书应满足专业标准、规范规定，具有针对性和可操作性。

（3）完善施工管理人员台账，资格证书严格管理，到期及时进行换证工作。

（4）施工项目文件编制内容应完整、准确、符合工程实际，签章应完备。

（5）完善施工缺陷管理台账，对各类问题及时整改闭环，形成记录。

三、 质量风险预控要点

（1）施工单位应按照合同要求，规范组建施工项目部，关键岗位人员资格证书齐全，专业能力水平满足工程实际需要。

（2）特殊工种人员应持证上岗，人员配置能满足工程建设需要。

（3）施工单位应配备满足施工需要的检测设备和工器具，并设立管理台账，检定证书真实有效。

（4）施工单位应严格工程分包管理，分包计划、分包商资质、分包合同按规定进行报审。

（5）施工单位应认真编制并上报施工方案、强制性条文实施计划等文件。

（6）施工单位应严格执行技术交底制度，并确保接受交底人签字齐全。

（7）施工单位应规范原材料、成品、半成品、商品混凝土的跟踪管理台账。

（8）施工单位应选择资质满足要求的检测试验单位，严格执行检测试验计划的报审批制度，及时准确出具检测试验报告。

第九章 变电电气安装

变电站电气装置安装出现的各类常见质量问题，大体可归纳为对工程观感、细部工艺等外在质量问题和影响设备装置正常功能、使用性能等内在质量方面的问题。常见质量问题的产生与工程各参建单位均有关联，需要系统性地防范与治理。建设单位在技术质量管理中应起到"顶层引领"的作用，应保障行政许可、资金、各类物料环境资源供应的充足及时，为工程建设的"持续顺畅"提供必要条件；监理单位应派驻足够数量且具备相应技术能力的监理工程师服务于现场，对工程建设做到"事前、事中、事后"的全过程管控，避免"管理检验失位、只管提笔签字"的失责行为；勘察设计单位应提高图纸设计的深度，按期交付图纸，按工程需要派驻称职的现场工代以快速妥善地处理施工阶段产生的各类设计问题，并及时参与工程质量的验收评价；施工单位应组织充足的技能工人及管理人员，依法分包，深化管控，杜绝"以包代管"，做好各类施工组织与策划，严格执行国家行业现行技术标准，正确处理"安全、质量、进度、效益"之间的关系。

第一节 变压器安装

一、 常见质量问题

（1）变压器锈蚀、油漆脱落、补漆工艺差。

（2）变压器、高抗等电气装置就位后未采取固定措施。

（3）油浸式变压器本体、散热器渗漏油。

（4）油浸式变压器事故放油阀未采用球阀，且未设置向下放油弯头。

（5）变压器绝缘油各施工阶段试验报告不齐全，报告出具单位无相应资质。

二、 要因分析及建议

（一） 要因分析

（1）变压器运输、储存、安装过程中防护不到位，发生刮擦、磕碰等机械损伤，未及时对损伤部位进行处理，使用劣质油漆或涂刷油漆前未彻底除锈。

（2）施工人员忽视设备就位后的固定，施工单位自检及监理人员监察不到位。

（3）变压器本体渗漏油。

1）施工运输过程中零部件发生碰撞以及不正确吊装运输，造成部件撞伤变形、焊口开焊、出现裂纹等引起渗漏。

2）法兰连接处不平、法兰接头变形错位，安装时密封垫受力不均匀引起渗漏。

3）升高座 TA 接线端不牢固，渗漏油。

4）散热器采用有缝钢管冲压、焊接时产生质量缺陷，造成散热管弯曲部分和焊接部分渗漏油。

（4）施工人员及质检人员关注度不够，未及时安装变压器放油阀正式部件。

（5）属于特殊试验项目，根据分工，由调试单位负责时，调试人员往往未及时进驻现场，也无人协调、过问变压器安装过程各阶段油样化验事宜；由施工单位负责时，对油样化验要求不了解或未引起足够的重视，存在侥幸心理。报告出具单位无相应资质，主要是由于监理、施工单位对委托的第三方检测试验机构资质及能力的审查职责缺失所致。

（二） 建议

（1）加强技术交底及现场控制，提高施工人员重视程度。设备位置最终确定后，重点检查控制电气设备与基础或埋件的固定连接。

（2）变压器投运前可进行二次整体刷漆。

（3）重点做好法兰连接面的工艺处理及螺栓紧固。

（4）清点厂家供货的附件，及时更换正式放油阀。

（5）做好技术培训与交底，取样送交省级电科院进行油样化验。

三、　质量风险预控要点

（1）加强变压器在运输、吊装、储存、安装期间的防护。吊装时防止钢丝绳刮擦器身，安装过程中宜在变压器顶部做硬质防护隔离。

（2）在变压器附近进行搭拆脚手架等易对变压器造成机械损伤的作业时，应妥善做好隔离和防护。变压器补漆需按照防腐油漆的相关技术标准规定进行。

（3）设备安装完后，安排专人对所有设备的固定方式加以检查。

（4）需从如下几个方面重点控制：

1）设备吊装应科学合理，选择适合于设备吊装的起重机具和吊装形式，避免设备局部受力超过允许范围，发生扭曲、变形等损伤。

2）控制各个法兰部位的连接工艺，重点是接触面的平整度、清洁度、密封圈完好性、法兰螺栓紧固顺序及力矩的把握。

3）加强设备在厂家制造过程中的监造管理，确保设备出厂检测试验的有效性。

4）按标准规定进行变压器压力试验。

（5）与厂家签订技术协议时，把事故放油阀的规格形式作为一条重点内容落实到合同中。控制变压器投运前应更换正式的事故放油阀部件。

（6）建设单位根据分工，控制好调试单位进场时间或协调施工单位进行变压器用油取样检验，避免遗漏。

（7）施工或调试单位应根据《电气装置安装工程　电气设备交接试验标准》GB 50150—2016 相关规定，对变压器来油、注油后、耐压后及带电运行后等各个阶段的油样进行取样化验。

（8）建设、监理单位在各个节点应做好变压器用油检验提醒、监察和控制。加强第三方检测试验机构的资质审查和监察管理，确保出具的检测试验报告数据真实可靠。

第二节　主控及直流设备安装

一、常用质量问题

（1）蓄电池组标识不正确、不清晰，蓄电池电源进线电缆与蓄电池极棒直接连接。

（2）蓄电池室窗户未设遮光措施，通风不畅，通风、采暖、监控等设施及照明灯具未采用防爆形式。

（3）蓄电池室内设有插座及开关。

（4）蓄电池安装位置不满足规范规定，同一蓄电池室内的两组蓄电池之间未按标准规定装设防爆隔离装置。

（5）蓄电池组充放电试验不合格，充放电记录不齐全。

（6）电气继电保护定值单审批签发流程不规范。

（7）控制盘、柜内电缆备用芯未采取不露铜措施、无标识。

（8）控制盘、柜内未设置等电位接地铜排。

（9）控制盘、柜底部未与底部支架可靠固定。

（10）盘、柜缺少标识或设置不规范。

二、要因分析及建议

（一）要因分析

（1）设计深度不够，设计未考虑蓄电池电源进线电缆与蓄电池极棒的连接过渡，未明确蓄电池组的编号；施工单位未引起足够的重视，没有意识到蓄电池极棒遭受较大外应力的危害。

（2）设计深度不够或设计失误，未考虑蓄电池室内的特殊要求；施工随意性大，未按照正确的设计要求施工。

（3）设计失误，在图纸会检、施工等阶段没有及时发现错误并改正；或是施工随意，未按照正确的设计要求施工。

（4）施工单位未按标准规定进行蓄电池充放电试验，试验方法不正确或蓄电池自身存在质量问题，试验记录数据错误。

（5）建设、施工单位没有认识到电气继电保护定值单的严肃性和有效性，定值整定计算时间较晚，现场调试急需，一旦交付即用于现场，未履行审批签发流程。

（6）施工单位对电缆备用芯的处理要求不清楚或重视程度不足。建设、监理单位缺少对施工单位的明确要求及时检查提醒。

（7）设计单位未按照规范规定进行设计，设备订货技术协议无等电位铜排的要求。

（8）建设单位未提供运行编号，未及时装设正式的设备名称标志牌；施工单位装设的临时标牌过于简陋，装设位置不合理。

（二）建议

（1）设备出厂时应由厂家配供连接过渡等电位铜排。

（2）对蓄电池室内的建筑及电气装置的形式要求应加强交底。

（3）蓄电池存放时间不应超出厂家要求，应及时进行充电。

（4）建设单位应牵头控制好继电保护定值单的签发事宜。

（5）监理单位应对工程质量风险较大、易被忽略的部位加强管控及验收。

（6）厂家应将主接地及等电位接地分别设置接地铜排。

（7）盘、柜安装后，投运前，安排专人对盘、柜固定方式统一进行排查。

（8）生产运行单位提早介入，装设正式标牌。

三、质量风险预控要点

（1）设计单位应保证图纸的正确及设计深度。

（2）严格执行图纸交底及会检制度，会检中发现的问题，设计单位应及时更正。工程中的难点、要点，设计单位应在设计交底中做出重点说明。

（3）施工技术方案应严格遵守技术标准规范及设计要求，施工中应按照规范标准、设计要求及施工方案的要求严格控制。

（4）蓄电池放电专用工具应保证订货到场，施工单位应按要求进行蓄电池充放电试验，经检查发现有问题的蓄电池需处理，试验完成后按照标准规定如实填写充放电记录和验收资料。

（5）建设单位是电气继电保护定值的责任单位，应及时协调、计算、确定各系统设备的保护定值数据，并履行审批签发程序后，才能将具备效力的保护定值单交付调试单位进行整定。

（6）控制盘内电缆备用芯统一穿装号头，并装设绝缘保护帽。

（7）建设单位对电缆备用芯的处理应提出明确的技术工艺要求；监理单位需进行有效的质量检查控制。施工单位在施工过程中应将备用芯一次处理妥善，避免返工。

（8）等电位铜排应在设备订货时由采购单位、设计单位、设备厂家充分沟通确认，写入设备订货技术协议，各单位据此执行。

（9）设备的运行编码、KKS编码等应明确，设备投运前，应在明显位置装设正式的设备标识牌。

第三节 高压配电装置安装

一、 常见质量问题

（1）气体绝缘封闭开关设备（GIS）室的 SF_6 气体浓度仪安装位置错误。

（2）悬式绝缘子串挂线点开口销规格不匹配、未开口。

（3）软母线存有进水可能的连接金具及均压环底部未设置泄水孔。

（4）电气小室照明安装在盘、柜母线上方。

（5）盘、柜基础与盘、柜尺寸不匹配，电缆进线预留孔洞的大小位置与盘、柜不对应。

（6）架构的金属脚钉螺纹存在外露扣现象。

（7）变电站内安全标志牌内容不完整或安放位置错误。

（8）软导线握着力试验报告不符合规范规定。

（9）硬母线焊接试验内容不全。

（10）SF_6气体进场取样全项分析报告缺项。

（11）电气交接试验报告内容不完整。

二、　要因分析及建议

（一）　要因分析

（1）施工人员未正确理解 SF_6 气体浓度仪的作用和使用场所。

（2）开口销订货尺寸不匹配或者施工人员对不同规格的开口销混装混用。施工人员质量意识淡薄，开口销穿装后未能按要求进行开口防脱，且缺少监管，各级质量验收未能全面覆盖。

（3）施工人员对软母线存有进水可能的连接金具及均压环底部需设置泄水孔的技术要求不了解，且缺少监管，各级质量验收未能全面覆盖。

（4）设计单位专业间交差没有做好协调，未考虑整体协调性。施工单位未引起足够重视，没有发现问题并进行规避。

（5）设计单位与设备厂家的沟通不充分，设计单位未能全面落实好盘、柜的尺寸，电缆进线位置便出图；或是设备厂家擅自变更设备尺寸构造。施工偏差控制超出允许范围，且验收不严格。

（6）施工单位未对各项检测工作引起足够的重视，未做检测或随意委托无相应资质的机构进行检测，且监理单位管控不严，未起到提醒、监察的作用。

（7）施工单位试验人员技能欠缺，电气交接试验报告未按照 GB 50150—2016《电气装置安装工程　电气设备交接试验标准》的试验项目及试验方法进行试验；试验报告的格式及内容也未按照 DL/T 5293—2013《电气装置安装工程　电气设备交接试验报告统一格式》进行编制。监理单位未做到有效的管控。

（二） 建议

（1）GIS 室的 SF_6 气体浓度仪装设在室内门口。

（2）安排专人对每个安装后的开口销进行检查。

（3）加强交底，安排专人对滴水孔的设置进行检查。

（4）加强专业间图纸会检，提早发现设计问题并改正。

（5）提前向厂家询问落实盘、柜进线孔的分布位置。

（6）监理单位组织施工单位对金属脚钉螺纹存在外露扣现象做专项排查整改。

（7）生产运行单位尽早装设正式的标志牌。

（8）应按照 SF_6 气体进场取样检验的标准规定做好各项检测。

三、 质量风险预控要点

（1）加强对施工人员的技能培训和交底，做好施工方案符合性的检查落实。

（2）对各级质检人员应有严格的考核机制，监理应切实起到质量把关的作用。

（3）施工人员应充分了解开口销的作用和原理，知道开口销穿装后不开口的风险和危害。落实验收的严肃性，确保验收 100% 覆盖，发现问题要及时整改闭环。

（4）设计单位与设备厂家应充分沟通，保证相互提供的技术信息准确、及时，如需技术变更应执行好告知、会签制度，单方不能擅自变更。

（5）施工单位应加强技术管控和质量自检，将安装偏差控制在允许范围之内。混凝土基础浇灌前，电气专业应组织对预埋件、预留孔洞进行复检。

（6）应按照焊接标准做好硬母线各项焊接试验，送交具备相应资质的试验检测机构进行软母线握力试验。

（7）施工单位应编制本项目检测试验计划报监理审核，施工中应严格按照计划，做好检测试验工作。各检测试验项目的检测应符合相关标准规范，不能有遗漏。

（8）委托第三方检测应严格审查检测单位资质，并控制好检测试验报告的格式及内容，符合标准规定。严格按照 DL/T 5293—2013《电气装置安装工程　电气设备交接试验报告统一格式》的要求进行试验报告的编制。

第四节　全站电缆施工

一、常见质量问题

（1）光缆的引下线、余缆架、接续盒与金属构架无绝缘措施，接地不规范。

（2）电缆固定部位缺少软性衬垫。

（3）高压电缆接头处、穿越墙壁处、转弯处等标识牌设置不齐全或内容不完整。

（4）电缆孔洞防火封堵不严密；防火涂料漏涂或涂刷长度、厚度不满足规范规定。

（5）电缆标识牌不全、电缆终端相色标识不醒目或错误。

（6）交流单芯电缆使用钢保护管、固定夹具构成闭合磁路。

（7）交流单芯电缆钢铠接地不符合设计要求。

（8）电缆沟道内电力电缆、控制电缆、光缆等未按照规定分层敷设。

（9）电缆终端和接头绝缘、密封防潮、机械保护措施不到位。

（10）防火阻燃材料缺少具备相关资质机构出具的检测报告。

二、要因分析及建议

（一）要因分析

（1）施工人员及管理人员的专业技能欠缺，对电缆线路工程施工验收技术标准掌握不足。电缆线路施工单位主要负责光缆敷设，光缆中间接头和终端头多由电缆附件制造商委派人员制作，工艺控制达不到标准规定。

（2）施工单位质量意识淡薄，只关注电缆主体工作的施工，忽视电缆配套设施的完善。各级管理人员对电缆线路施工过程的管控力度不够。

（3）设计失误，未充分考虑交流单芯电力电缆的特殊性，未对交流单芯电缆的保护管、固定夹具、钢铠接地等进行特殊优化。图纸会检流于形式，未能及时发现设计缺陷。

（4）施工失误，施工单位未能仔细审图，疏忽了交流单芯电力电缆的特殊性，按照思维惯性，以常规方式进行施工。各级质检人员未负起管理职责，放任施工单位按错误方案施工。

（5）电缆未能按要求分层敷设，主要因为施工过程管控不严格，缺少统一的排布规划和科学的敷设顺序，造成电缆扭绞、错层；同时电缆订货存在问题，电缆交货顺序及数量不能满足电缆正常敷设顺序的需要；设计存在问题，造成电缆敷设完毕后又补充增加的电缆较多，已不能按照理想的分层进行补敷。

（6）施工、监理单位缺少对防火封堵材料检测机构的资质审查。

（二）建议

（1）应安排专业人员进行光缆接头的制作。

（2）电缆与坚硬物体卡碰的部位应装设柔性衬垫加以隔离。

（3）应统一电缆标志牌的形式及内容，敷设前将电缆牌制作好，每根电缆敷设后及时在穿越墙壁处、转弯处等部位悬挂标志牌。

（4）加强防火封堵过程管控，严格按照图纸设计施工，防止偷工减料。

（5）电缆终端相色标示应在电缆头制作时、电缆交接试验时进行核对。

（6）杜绝交流单芯电力电缆周围铁磁构件形成闭合磁路。

（7）应加强铠装接地方式的技术交底，严格按照图纸设计施工。

（8）提前规定好各层电缆通道敷设的电缆类型，做好事先策划。

（9）电缆终端和接头采用合格产品制作，安装固定牢固，加强支撑及防护。

（10）防火封堵材料应先报审各类检测报告，审查通过后才能在现场使用。

三、 质量风险预控要点

（1）建设单位应加强对施工单位在电缆工程施工方面的资质、能力、业绩等方面的审查。

（2）建设单位应组织对厂家安排的电缆接头人员进行电力质量工艺标准的现场交底，并留有交底记录备查。

（3）承揽电缆线路工程的施工单位应要求电缆头制作方提交相关"作业指导文件"，提升承包方质量管理人员对电缆头制作的质量检查与工艺控制能力，并实行现场制作"首件把关制"；增加监理人员对电缆接头旁站的要求。

（4）施工项目部应建立完善的质量管理体系，明确项目部质检员配置基本素质水平要求和最低数量要求，分专业有针对性地加强质检员相关专业知识培训。

（5）施工项目部应严格落实质量检查验收相关责任制，建立质量跟踪制度并切实落实到位。

（6）施工项目部应加强对质量管理人员的过程考核、评定。保证现场关键岗位、关键作业由具备相应技术能力的作业人员完成。

（7）施工项目部应规范施工单位技术交底管理，落实交底内容要涵盖具体操作和结果的标准要求，落实交底要覆盖现场所有操作人员，做好交底纪要和签字手续。

（8）建设单位牵头，加强和落实电缆线路工程质量标准的教育、培训工作；严格把控电缆线路工程"施工图预审""设计交底"和"施工图会检"环节的工作，把设计缺陷解决在工程开工前。

（9）合理设置监理单位招标规则，避免监理单位低价中标。按照工程规模明确监理项目部最低人员配置要求。

（10）直埋电缆应敷设于壕沟里，并应沿电缆全长的上、下紧邻侧铺以厚度不少于 100mm 的软土和砂层；沿电缆全长应覆盖宽度不小于电缆两侧各 50mm 的保护板，保护板宜采用混凝土。软土或砂子中不应有石块或其他硬质杂物。

（11）直埋电缆终端上设置明显的相色标志，且应与系统的相位一致。按照规范规定，直埋电缆在直线段每隔 50～100m 处、电缆接头处、转弯处、进入建筑物处等，设置明显的方位标志或标桩。

（12）交流单芯电缆以单根穿管时，不得采用未分隔磁路的钢管。交流单芯电力电缆的刚性固定，宜采用铝合金等不构成磁性闭合回路的夹具；其他固定方式，可采用尼龙扎带或绳索。

（13）交流单芯电力电缆应作为重点管控对象，对电缆夹具、保护管的材质、形式及终端接地必须做到全面见证、100％验收。

（14）建设单位应根据工程进度需要，确保电缆到货充足、及时。

（15）设计单位应确保电缆布置设计深度和设计质量，避免施工过程中频繁补充电缆设计。

（16）施工单位应做好电缆整体的敷设规划，对各个电缆路径要敷设电缆的数量、顺序、布置位置做好统一的部署，按照策划方案进行电缆敷设，并同时做好敷设过程中的管控，保证电缆随敷设、随整理、随固定。

（17）监理单位应深入到电缆敷设的全过程中，做好旁站检查。

（18）防火封堵的各类材料，在使用前应将质量证明文件报监理单位审查。监理单位应重点审查出具检测报告机构的资质及检测报告应齐全、真实、有效。

（19）电缆防火封堵按照标准规范的规定及施工图的设计形式及部位进行施工，使用性能符合要求的、具备相应资质机构出具检测报告的电缆防火封堵、阻燃材料，严格按照设计要求进行封堵和阻燃隔断施工并经质量验收合格。

第五节　全站防雷及接地装置安装

一、常见质量问题

（1）接地体焊接搭接长度不足，接地扁钢弯制损坏导体截面，接地体穿越楼板、墙壁处未加装防护措施。

（2）配电盘、柜柜门未做电气跨接接地。

（3）电气设备装置接地线连接螺栓未采取防松措施。接触面配置螺栓的规格及数量不满足要求。

（4）钢制电缆支架、桥架、竖井首尾两端及每隔 $20\sim30\mathrm{m}$ 长度未做逐点接地。电缆沟内每个金属支架未全部接地。

（5）电缆桥架连接处无跨接接地线或无防松措施。

（6）变压器铁芯、夹件引出后通过主变压器本体外壳串接接地；接地引线未与器身绝缘。

（7）干式电抗器的接地线、基础钢筋及金属围栏构成闭合回路。

（8）变压器及电气高压配电装置的金属围栏接地不规范。

（9）变压器中性点及避雷针、避雷器等未做双点接地。

（10）电气设备的传动装置未做接地跨接。

（11）电气盘、柜无明显接地。

（12）电气控制保护盘、柜内直接接地与等电位接地混接。盘内等电位母排未与等电位网连接。

（13）构架爬梯无直接接地或接地搭接面不满足规范规定。

（14）独立避雷针与巡视道路距离小于 $3\mathrm{m}$ 且未采取均压或隔离措施。

（15）建筑物防雷引下线无断接卡或断接卡位置不规范。

（16）接地试验报告内容不齐全。

二、 要因分析及建议

（一） 要因分析

（1）建设工程标准培训、学习的机制未有效落实。施工人员随意性施工、质量意识差、责任心不强。

（2）未按照技术方案或施工方案开展施工。质量检验人员工作责任心不强、检验工作流于形式，质量检验资料任由资料员编制，负有责任的人员签字时，不进行质量把关。

（3）过程控制把关不严，自检或监理人员监察不认真；现场监理履职能力不足，导致有关质量问题不能及时发现和解决。

（4）施焊人员不具备相关资格和技能，焊接工艺不规范。对接地体搭接长度的标准不掌握，随意焊接；为了方便使用电焊加工弯头，未得到有效的监管和纠正，各级管理人员未负起责任。

（5）施工人员意识薄弱，对螺栓缺少防松措施造成的危害没有正确的认知。施工中对技术要求执行不到位，随意性较强，加之接地体压接螺栓长度、规格种类较多，易造成规格用错或配件不全。

（6）施工单位对桥架、支架的接地管理粗放，意识淡薄；监理单位失责，未起到把关的作用。

（7）干式电抗器的电磁辐射属于隐性危害，设计单位、施工单位没有认识到它的特殊性，未做特殊处理。

（8）施工单位忽视金属围栏的接地，监理单位未做到有效的管控。

（9）变压器中性点接地、避雷器接地均属于工作接地，应至少做两点接地，施工单位忽视，监理单位未做到有效的管控。

（10）电气设备的传动装置接地易被忽视。

（11）电气盘、柜盘基础接地后被隐蔽，造成盘、柜安装于基础型钢后无明显可见接地点。

（12）施工人员对等电位接地网的原理和使用方式未能正确理解，不知等电位接地和设备直接接地的区别，技术人员也没有对此及时有效地做好交底和管控，造成混接。监理单位也未能及时发现问题，督促施工单位改正。

（13）构架爬梯的接地易被忽视，监理单位也未做到有效的管控。

（14）接地网接地电阻非专业人员按照正确合理方式检测，试验报告的编制也未执行标准表格的格式，造成报告的正确性、规范性均存在问题。建设单位未对工程技术资料的格式进行统一要求，监理单位在报告审查环节失职，未能严格把关。

（二） 建议

（1）接地扁钢加工应采用冷弯工艺，不允许使用电焊进行切割或损伤。

（2）加强电缆桥架、竖井的接地管控，电缆沟预埋扁钢首尾应保证电气导通。

（3）为防止涡流的产生，设计环节应充分认识到干式电抗器的特殊性，对基础钢筋、接地装置、金属围栏均要有防止产生闭合铁磁回路的处理措施。各参建单位在图纸会检阶段应重点审查设计的正确性。施工环节应严格按照正确的设计方案执行。

（4）变压器及电气高压配电装置的金属围栏应接地可靠。

（5）加强交底及过程控制，确保变压器中性点及避雷针、避雷器等双点接地。

（6）使用多股柔性接地导线对电气设备的传动装置做接地跨接。

（7）设计图纸应明确等电位接地网和直接接地网的使用区别，并在设计交底中重点阐述。施工方案中应正确描述等电位接地网的用途，并在施工技术交底中向接线人员交代清楚、明确，接线过程中加强管控，发现问题及时纠正。

三、 质量风险预控要点

（1）建设单位应加强对现场监理日常工作的监管、考核，对存在失职行为的应采取措施予以考核；监理单位应通过教育、培训等手段，不断提高自身的人员素质。

（2）建设单位应在开工前组织编制本工程执行的标准规范清单，同时明确本项目工程竣工技术资料编制的框架、格式等，并统一组织宣贯、培训。

（3）严格控制接地材料弯头制作工艺，严禁使用热加工等可能损伤材料的工艺制作弯头，应使用冷弯工艺。接地体焊接需严格审查焊工资格，对焊口进行100％验收。

（4）接地装置连接螺栓的平垫、弹垫应装设齐全，露扣2～3扣。

（5）电缆沟内的支架通过预埋扁钢接地的，应将预埋扁钢的接头全部跨接良好，并可靠与接地主网相连。对桥架、支架、竖井的接地位置、数量应满足标准规定做严格的管控。电缆桥架连接处使用防松螺母。

（6）变压器中性点、避雷器等作为工作接地的接地装置，均应至少2点接地，应用两根与主接地网不同干线连接的接地引下线，每根均应符合热稳定校核要求。

（7）电气盘、柜盘基础可靠接地后，盘、柜应与盘基础做可靠的电气连接，同时在盘、柜两端，应装设明显的接地线与盘、柜内接地母排可靠连接。

（8）应使用接地扁钢或接地电缆与盘、柜接地母线两端的明显部位连接实现明显接地。

（9）应明确直接接地母排与等电位接地母排的功能及区别，加强交底及管控。

（10）构架爬梯应使用独立接地线可靠接地。独立避雷针的集中接地装置应躲开道路3m以上。建筑物防雷引下线应设置可以方便拆断的断接卡。

（11）接地电阻检测应按照 GB 50150—2016《电气装置安装工程　电气设备交接试验标准》的规定进行测试，并核算最终的接地电阻值。试验人员应具备相应资格，试验仪器需在检定合格有效期内。试验内容、数据应按照 DL/T 5293—2013《电气装置安装工程　电气设备交接试验报告统一格式》进行编制。监理单位应做好监察与管控。

第十章 架空输电线路

架空输电线路工程分为土石方工程、基础工程、杆塔工程、架线工程、接地工程和线路防护工程6个分部工程。近年来，随着特高压交直流工程进入大规模建设阶段，一大批"五新"技术得到广泛应用，有效提升了架空输电线路工程建设质量工艺水平。同时，工程盲目赶工期、施工单位"以包代管"、施工方案不能有效指导现场施工、现场操作人员素质低、规程规范执行不到位等问题依然不同程度存在，导致部分质量通病依旧难以彻底消除。针对这一现象，本章重点按照土石方及基础工程、杆塔工程、架线工程接地及线路防护设施工程4个部分，对涉及"关键工序、重要部位和主要检测试验项目"的常见质量问题进行了总结归纳，有针对性地对主要原因进行分析并提出了质量风险预控要点。

第一节 土石方及基础工程

一、常见质量问题

（1）线路复测差错导致桩位偏差较大或错位。

（2）基础浇制完成后，塔位中心桩丢失未及时恢复或中心桩标识不规范。

（3）地脚螺栓螺杆、螺母未按规范规定进行规格、材质等标识。

（4）地脚螺栓连接副规格不匹配，不符合设计要求。

（5）采用45号优质碳素钢的地脚螺栓与箍筋直接进行焊接连接。

（6）不同批号水泥混用；水泥出厂质量证明文件不齐全，复检试验内容不齐全。

（7）杆塔基础钢筋质量证明文件不齐全，复检试验内容不齐全。

（8）基础混凝土存在漏筋和蜂窝、麻面等质量问题。

（9）杆塔基础保护层厚度不满足规范规定。

（10）转角塔地脚螺栓式基础顶面预偏值不符合设计要求；4个基础顶面未在一个整斜平面或平行平面内。

（11）大体积混凝土测温点设置不当，未派专人进行测温记录，未按照温差情况及时调整养护措施。

（12）进入冬期施工，杆塔基础养护不符合冬期施工规范规定。

（13）杆塔基础回填土出现沉降造成基坑顶面低于原始地面。

（14）大跨越杆塔基础未设置沉降观测标识或未进行沉降观测。

（15）焊工未经焊接工艺试验便进行现场焊接工作。

（16）钢筋机械连接端部不平整、接头长度不一；钢筋机械连接缺少试验报告。

（17）杆塔混凝土基础用砂、石、钢筋等原材料进场检验批次不满足相应规范规定。

（18）长期处于潮湿环境的基础混凝土用砂、石未做碱活性检验。

（19）预拌混凝土的质量检验报告不齐全，内容不规范。

（20）在冬期施工等特殊条件下，未加做同条件养护试块，无法验证基础混凝土强度。

（21）铁塔桩基基础无检测报告或检测方法，数量不符合设计要求和规范规定。

二、　要因分析及建议

（一）要因分析

（1）设计单位交桩不细致；施工单位线路复测工作中，中心桩与方向桩混淆。

（2）对杆塔中心桩作用认识不到位，基坑开挖未将杆塔中心桩引出，对中心桩没有保护措施。

（3）对工程原材料、设备、构配件验收不重视，对工程材料复检不重视，走过场，各级验收流于形式。

（4）45 号优质碳素钢易断、焊接困难且现场无热处理措施，如果采用与箍筋焊接的连接方式易对地脚螺栓造成损伤。

（5）模板配制、安装的尺寸偏差超标，拼缝不严密；浇筑混凝土振捣不实。

（6）混凝土主筋保护层垫块使用不规范或数量不足、固定不可靠。

（7）现场实施操作随意，质量标准低，施工未按照设计要求实施。

（8）对冬期施工、大体积混凝土施工等特殊作业技术措施编制笼统，施工单位技术交底不细致，现场未严格按照规程规范施工，墨守经验习惯做法，施工不规范。

（9）基础回填未按照规范规定分层夯实，防沉层设置不规范。

（10）设计单位对大跨越基桩检测标准执行不到位，未设计沉降观测要求。施工单位开展沉降观测不规范。

（11）基础钢筋连接未能按照 JGJ 18—2012《钢筋焊接及验收规程》和 JGJ 107—2016《钢筋机械连接技术规程》进行施工。

（12）基础施工违反冬期施工规定，片面理解 GB 50233—2014《110kV～750kV 架空输电线路施工及验收规范》的规定，对混凝土试块作用认识不到位。

（13）设计单位对桩基试验要求不明确，施工单位对桩基施工具体规定不掌握。

（二）建议

（1）要强化设计交底工作，建议制定相应工作模板将各阶段具体设计交底内容、要求予以固化，形成标准模式，避免漏项。

（2）加强对工程原材料、设备、构配件验收有关规定要求的培训，严格按照规范规定进行材料见证取样、送检，认真核对检测数据。预拌混凝土原材料、试配强度、混凝土强度检测应由具备相应资质的单位完成。

（3）施工项目部建立完善的质量管理体系，明确项目部质检员配置基本素质水平要求和最低数量要求，分专业有针对性地加强质检员相关专业培训。严格落实质量检查验收相关责任制，建立质量跟踪制度并切实落实到位。

（4）加强对工程建设标准的培训学习，明确特殊施工措施的标准规定，做好工作计划、过程落实和检查。

（5）建立施工项目部技术人员选拔任用制度，切实将水平能力高、责任心强的高水平人才选任到技术人员岗位。加强对技术人员的过程考核。

（6）加强技术措施方案管理，规范编、审、批责任和流程，提高施工方案编制质量，现场切实按照方案开展施工，不得随意变更施工方案。

（7）提高对计量工器具管理的重视程度，明确计量工器具检定要求，设置专人管理。

（8）由设计单位明确基桩检测具体要求，严格按照基桩检测技术规范和设计要求由具备相应资质的检测机构进行基桩的检测。

三、 质量风险预控要点

（1）设计单位加强交桩管理，确保转角桩、重要跨越方向桩等重要桩位应落实到位。施工单位线路复测责任到人，负责人做好路径复测记录并签字齐全，线路中心桩、方向桩标识准确、清晰。

（2）线路方向桩、转角桩、杆塔中心桩应有可靠的保护措施并标识清晰，防止丢失和移动。基坑开挖及时将杆塔中心桩引出，在基础外围设置辅助桩，并做好记录，基础施工完毕后及时恢复中心桩。

（3）加强地脚螺栓采购合同管理，明确螺栓、螺帽标识要求。严格实施螺栓紧固螺栓责任制管理，责任落实到人，落实质量过程管控措施和各级验收管理，做好质量跟踪。

（4）细化设计，明确地脚螺栓与箍筋的连接方式，施工单位严格按图施工。

（5）基础模板应满足下列规定：

1）基础模板应有足够的强度、刚度、平整度，并对其支撑强度和稳定性进行计算。

2）基础模板应能可靠地承受浇筑混凝土的重量和侧压力，防止出现基础立柱几何变形。

3）模板拼装后表面刷脱模剂。模板接缝处应采取粘贴胶带等措施，防止出现跑浆、漏浆现象。

（6）浇制中设专人控制混凝土的搅拌和振捣，现场质检人员要随时检查混凝土的搅拌和振捣过程，防止出现振捣不均匀或振捣过度造成的离析。混凝土垂直自由下落高度不得超过 2m，超过时应使用溜槽、串斗，防止混凝土离析。

（7）基础浇制时，应多方位均匀下料，防止钢筋笼受力不均与基础立柱不同心。根据基础形式设计专用垫块，规范混凝土主筋保护层垫块使用，垫块在钢筋笼和模板之间布置均匀、固定可靠。底层与台阶的保护层采用混凝土垫块进行支撑。

（8）严格规范转角塔地脚螺栓式基础预偏施工，以设计预偏值为依据做好基础顶面坡度计算，每个基础浇筑完毕进行基础顶面处理，后保证 4 个基础顶面在一个整斜平面或平行平面内。

（9）明确线路基础大体积混凝土基本概念，按照大体积混凝土施工规范编制施工方案并严格实施，规范大体积混凝土原材料使用和浇筑，保证混凝土测温准确，养护措施到位。

（10）加强线路基础冬期施工管理，进入冬期施工应重新进行配合比设计，规范原材料选择和浇筑过程控制，混凝土养护措施到位。加做同条件养护试块，以试块强度为依据检验基础混凝土强度。

（11）回填土应对称均匀回填并分层夯实，回填后坑口应筑防沉层，其宽度不小于坑口宽度，其高度不应掩埋铁塔构件。

（12）在工程开工正式焊接前，参与施焊的焊工应进行现场条件下的焊接工艺试验，经具备相应资质的单位试验合格后，方可正式进行现场焊接操作。

（13）加强钢筋机械连接实施和验收管理，钢筋接头使用带锯、砂轮锯或带圆弧形刀片的专用钢筋切断机切断钢筋，接头加工后使用量规进行检验并安装防护帽。接头安装后使用扭力扳手校核拧紧扭矩。

第二节　杆　塔　工　程

一、常见质量问题

（1）杆塔组立时，基础混凝土抗压强度未达到规范规定强度。

（2）铁塔组立完成后，地脚螺栓螺帽未紧固，地脚螺栓垫片、螺母缺失。

（3）塔脚板与杆塔主材、塔材之间缝隙超标。

（4）杆塔螺栓强度等级、规格混用。防松、防盗螺栓安装范围及数量与设计不符；铁塔螺栓垫片、螺母缺失；螺栓紧固造成塔材磨损。

（5）杆塔组立螺栓紧固率不符合规范规定。

（6）脚钉安装有遗漏，脚钉脚蹬侧存在露丝扣问题。

（7）杆塔构件变形。

（8）塔材镀锌层厚度不符合规范规定或镀锌不均匀，塔材保护措施不到位导致镀锌层磨损。

（9）钢管塔设置的水平安全装置安装不规范，UT 线夹、楔形线夹、钢丝绳夹等使用不符合规范规定。

二、要因分析及建议

（一）要因分析

（1）工程进度安排不合理。未在基础混凝土试块强度报告出具后且证明基础强度符合规范规定进行后续杆塔组立施工。

（2）未严格按照规程规范施工，忽视地脚螺栓安装紧固环节，墨守经验习惯做法。

（3）塔材放样加工存在缺陷。铁塔基础尺寸存在较大偏差。

（4）施工单位螺栓紧固措施不到位，未严格责任制，质量跟踪制度不健全。

（5）塔材运输、装卸、吊装未采取防止变形及磨损的措施，野蛮施工。

（6）塔材加工镀锌存在缺陷。

（7）对钢管塔附属设施安装重视程度不足，未按照设计要求和规范规定进行相关装置的施工安装。

（二）建议

（1）合理安排组塔施工工序，根据施工实际情况规定组塔及施工必要时间间隔，保证在基础混凝土强度满足规范规定后方可转入组塔施工。

（2）严格实施螺栓紧固螺栓责任制管理，责任落实到人，落实质量过程管控措施和各级验收管理，做好质量跟踪。

（3）严格塔材监造、进场验收管理，提升塔材加工质量。

（4）在组塔阶段有针对性地加强质检员相关专业培训，严格落实质量检查验收相关责任制，建立质量跟踪制度并切实落实到位。

三、 质量风险预控要点

（1）加强杆塔基础验收管理，未出具基础混凝土试块强度报告不得开展相关验收工作，切实把试块强度作为基础混凝土强度的检验依据。

（2）加强地脚螺栓施工过程管理，组塔施工前应复核地脚螺栓规格且必须做到匹配，塔脚板安装后应及时安装齐全螺帽和垫片，螺帽与螺帽、螺帽与垫片、垫片与塔脚板应贴合紧密。

（3）将地脚螺栓安装紧固纳入铁塔螺栓检查验收范围，铁塔检查验收合格后方可浇筑混凝土保护帽。

（4）提高杆塔基础施工精度，严格落实质量检查验收相关责任制，建立质量跟踪制度并切实落实到位，保证基础各部尺寸符合规范规定。

（5）施工单位设置专人按设计图纸及验收规范核对螺栓等级、规格和数量，匹配使用。杆塔组立现场，应采用有标识的容器将螺栓进行分类，防止因螺栓混放造成错用。

（6）设计单位应提供螺栓紧固力矩的范围，螺栓紧固最大力矩不宜大于紧固力矩最小值的120％。

（7）防止紧固工具、螺母擦伤塔材锌层，紧固螺栓宜使用套筒工具，应检查螺帽底部光洁度，采取防止螺杆转动的措施。交叉铁所用垫块要与间隙相匹配，使用垫片时不得超过2个。

（8）施工单位严格按照施工图纸进行脚钉安装，脚钉脚蹬侧螺栓不得露扣，确保脚钉紧固。

（9）塔材堆放支护措施到位，防止塔材变形及磨损。塔材运输、装卸、吊装应采取防止变形及磨损的措施，使用专用吊带进行塔材装卸、吊装，塔材起吊时，要合理选定吊点的位置，对于过宽塔片、过长交叉材必须采取补强措施。

（10）加强钢管塔附属设施安装施工管理，施工方案中明确材料使用和具体安装要求，并做好技术交底，严格钢管塔附属设施检查验收。

第三节 架 线 工 程

一、常见质量问题

（1）光纤复合架空地线（OPGW）开盘测试、接头熔接、通信通道检测报告不齐全。

（2）导线磨损超标未进行修补处理。

（3）光缆引下线夹具设置不规范，光缆引下线与杆塔发生磨碰。

（4）导地线握着力试验报告不规范。

（5）导地线采用液压连接未在压接管打上操作人员钢印。导地线接续管、耐张管弯曲超过 2%。

（6）导线、地线弧垂与设计值的偏差超出规范允许范围，导线相间弧垂偏差、子导线线间弧垂偏差超出规范允许范围。

（7）终端塔、转角塔架线后向受力侧倾斜。

（8）跳线引流连接板连接未涂抹电力复合脂。

（9）防振锤安装距离偏差不符合规范规定，防振锤安装歪斜。间隔棒结构面与导线不垂直，各相间间隔棒不处于同一竖直面内。

（10）附件安装销子漏装，开口销开口角度不符合规范规定。

（11）悬垂线夹铝包带缠绕不规范。

二、 要因分析及建议

（一） 要因分析

（1）OPGW 由不同施工单位单独施工时，OPGW 施工管理不规范，相关技术交底不细致，工作存在漏项。

（2）施工单位对导地线保护措施不到位，施工随意、粗放。

（3）设计单位光缆引下线夹具位置设计不细致，未考虑塔材包头铁、交叉铁等特殊情况，导致施工安装偏差。

（4）施工单位未按照规范要求开展导地线握着强度试验。检测试验单位无相应资质。

（5）操作人员未经培训并考试合格即开展压接操作，现场压接操作人员技能水平低，接续管、耐张管压后弯曲。放线过程中，防弯曲措施不到位，导致接续管、耐张管过放线滑车弯曲。

（6）终端塔、转角塔预偏值不足。

（7）施工单位高空附件安装依靠外包劳务人员，对工程施工规范规定不熟悉、不掌握，检查验收措施不到位，施工安装质量失控。

（二） 建议

（1）进一步规范施工单位技术交底管理，明确交底内容要涵盖具体操作和结果的标准规定，明确交底要覆盖现场所有操作人员，做好交底纪要和签字手续。

（2）提高现场人员质量意识水平，强化材料及成品质量保护措施，使保证工程质量成为现场人员的自觉行为。

（3）加强施工单位作业层建设，保证现场关键岗位、关键作业由施工单位自有员工担任完成。

（4）创新开发高空检查验收技术手段，保证验收检查全覆盖。

（5）加强外包队伍管理，培育核心劳务分包队伍，严格规定分包队伍中核心劳务分包人员配置，强化施工单位对劳务分包队伍和分包人员的掌控。

三、 质量风险预控要点

（1）监理单位切实起到把关作用，加强 OPGW 施工管理，严格 OPGW 施工方案交底，监理监察施工单位做好 OPGW 的进场检查、验收和熔接、测试工作。

（2）加强导线防磨损技术措施，做好导地线装卸、运输过程中的保护措施，张力放线过程严格按照张力架线导则施工，严禁导线落地，紧线、附件安装过程应防止导线与硬、锐部件接触，防止导线发生磨碰。

（3）细化设计要求，根据不同铁塔规格，设计每个光缆引下线夹具具体安装位置，施工单位严格按照设计位置进行施工。

（4）架线施工前严格选取具有相应资质的检测单位开展导地线握着力试验，握着强度试验试件不得少于 3 组，试件握着强度试验结果应符合规范规定，监理单位严格过程把关。

（5）严格落实压接操作人员技能培训，提升操作能力，切实履行钢印追溯制度，保证人员履责到位，监理单位做好旁站和隐蔽工程签证。压接管压接后应检查弯曲度，不得超过 $2\%L$（长度），有明显弯曲时应校直，校直后如有裂纹应割断重接。

（6）放线过程中，经过滑车的接续管应使用与接续管相匹配的护套进行保护，接续管慢速通过滑车。对于较大角度转角塔、垂直档距较大、相邻档高差大的直线塔，合理设置双放线滑车。

（7）设计单位合理设计终端塔、转角塔预偏值，保证杆塔架线挠曲后不向受力侧倾斜。

第四节　接地及线路防护设施工程

一、常见质量问题

（1）铁塔组立过程中，未及时与接地装置进行连接。

（2）接地引下线规格不满足要求，接地线引下线与接地联板焊接长度不够，焊接质量不满足规范规定。

（3）接地联板与塔材连接缺少防松措施，接地联板与塔材间缝隙过大。

（4）接地引下线和接地体埋设深度不符合设计要求，接地体连接和防腐不符合规范规定。铜覆钢接地体镀铜层厚度不满足规范规定。

（5）接地电阻测试值不满足设计要求。

（6）线路杆号牌、标示牌、警示牌安装不规范，安装位置不统一。

（7）杆塔基础未按照设计要求做好护坡或排水沟，杆塔基础保护措施不到位。

（8）线路通道清障不彻底。

（9）塔基植被恢复不到位。

二、要因分析及建议

（一）要因分析

（1）施工单位对安全工作规程不熟悉，组塔施工过程未采取接地控制措施或措施不到位。

（2）施工单位委托不良加工企业进行接地引下线加工，使用不合格原材料，加工工艺质量低下。材料进场检验把关不严。

（3）输电线路设计、施工单位不熟悉规范 GB 50169《电气装置安装工程　接地装置施工及验收规范》的相关规定，未按照相关条款开展接地连接设计和施工。

（4）施工单位接地沟开挖裕量不足，接地体敷设操作不当；接地体连接未按照规范规定实施。材料加工偷工减料、工艺质量低下。

（5）设计单位在高土壤电阻率等特殊地质条件下设计的接地形式不合理。施工单位接地体连接存在缺陷。

（6）设计单位未给出杆塔标牌的固定位置，生产运行单位安装标准不统一。

（7）施工单位对线路防护设施施工重视程度不够，施工技术措施编制笼统，人员组织不到位，施工随意，检查验收标准低。

（8）线路通道处理受当地主管部门制约和地方民事阻挠，通道清障实施难度大、工作进度滞后。

（9）施工单位对绿色环保施工有关规定不熟悉，绿色施工措施与实际操作脱节，检查验收不到位。

（二）建议

（1）加强对施工现场人员分层次、多形式安全培训，使其真正掌握不同阶段、不同条件、不同环境的施工安全要点并正确采用相关措施。

（2）加强设备、材料招标管理，保证进场器材质量。

（3）设计单位应根据现场地质条件实际合理选择接地模块等接地形式。

（4）施工单位做好接地焊接关键环节控制，保证人员履责到位；监理单位做好施工过程旁站监理和隐蔽工程签证。

（5）进一步提高对杆塔标牌安装重要性的认识，提前做好基建与生产的沟通协调，从设计开始着手，明确标牌的设计要求。

（6）建设单位应建立属地公司民事问题协同协调机制，加强与地方主管部门的沟通协调，做好对当地百姓的政策宣传。

（7）施工单位应持续提升绿色环保施工意识，认真编制绿色施工措施，合理选择植被恢复植物，补救施工活动中人为破坏植被和地貌造成的土壤侵蚀。监理单位应重视植被恢复的检查验收工作，在工程投运前确保植被恢复到位。

三、质量风险预控要点

（1）严格按照安全工作规程规定，在铁塔组立过程中及时将铁塔与接地装置进行连接。

（2）规范加工厂家选定流程，明确接地引下线加工材料和工艺要求。严格做好接地引下线进场检验验收工作。

（3）设计单位应按照 GB 50169《电气装置安装工程 接地装置施工及验收规范》的相关规定，对杆塔接地连接螺栓设计防松螺帽或防松垫片，施工单位严格按照设计要求施工。

（4）加大接地网地沟开挖深度裕量，充分考虑敷设接地体时出现弯曲的情况。接地体敷设将接地体敷压到位，保证埋深。委托专业检测机构做好铜覆钢接地体镀铜层厚度专项检测。

（5）由设计单位明确杆塔标牌的固定位置，生产运行单位统一安装标准并由生产运行单位进行安装实施。

（6）施工方案中编制相关防护设施施工技术措施专篇，明确质量标准，组织专业队伍进行施工。在投运前将防护设施验收纳入各级验收内容。

第十一章　电缆线路工程

当前，随着城市化建设水平的提高，电缆输电线路得到了越来越广泛的应用，对保证市容市貌、提高供电可靠性、节约占地等方面发挥了应有的作用。电缆线路工程有其独有的特殊性，电缆线路建设成本高、受市政工程限制土建交付安装环节存在专业接口配合问题、电缆接头施工工艺复杂等，长期以来工程质量控制一直是电缆线路施工的重点。

一、常见质量问题

（1）电缆井内积水坑设置不符合设计要求和规范规定。

（2）电缆固定部位缺少软性衬垫。

（3）高压电缆接头处、穿越墙壁处、转弯处等标识牌设置不齐全或内容不完整。

（4）直埋电缆线路缺少标志桩或标志桩设置不规范，标志内容不完整。

（5）直埋电缆机械防护的保护措施不到位。

（6）直埋电缆回填土不符合规范规定。

（7）电缆标识牌不全、电缆终端相色标识不醒目或错误。

（8）交流单芯电缆使用钢保护管、固定夹具构成闭合磁路。

（9）交流单芯电缆钢铠接地不符合设计要求。

（10）电缆终端和接头绝缘、密封防潮、机械保护措施不到位。

（11）防火阻燃材料缺少有资质机构出具的检测报告。

（12）电缆中间接头位置标识不清、记录不完整。

二、要因分析及建议

（一）要因分析

（1）施工单位忽略设计要求，未对电缆井内积水坑的制作产生足够重视。

（2）施工方案未对标识设置等细节进行详细规定，技术交底笼统，现场操作人员施工缺少依据标准，现场施工墨守习惯做法，施工不规范。

（3）施工单位施工随意，细部处理、隐蔽工程施工不规范。施工、监理单位各级验收不到位。

（4）直埋电缆标志桩采购到场较晚，未与电缆回填土同步安装，回填后补装造成位置偏差较大。

（5）施工单位管理粗放，直埋电缆敷设过程未采取相应保护控制措施。施工单位节省成本未使用合格土质回填，未制定回填专项技术措施。

（6）设计、施工单位对 GB 50217《电力工程电缆设计规范》、GB 50168《电气装置安装工程电缆线路施工及验收规范》等规范规定执行不到位。

（7）设计、施工单位未充分考虑交流单芯电力电缆的特殊性，未对交流单芯电缆的保护管、固定夹具、钢铠接地等进行特殊优化。图纸会检流于形式，未能及时发现设计缺陷。设计正确，而施工时未完全按照设计实施。

（8）现场操作人员技能水平低，施工工艺不佳，施工质量不符合规范规定。

（9）施工单位忽视对防火阻燃材料的检验检测，未委托有资质的机构进行相应试验检测。

（10）施工单位对有关施工记录重视程度不足，代填代签现象严重，记录内容填写与工程实际不对应。

（二）建议

（1）施工单位应根据工程情况选用合理的渗漏排水措施，防止影响周边环境。

（2）施工单位加强局部细节质量控制，加强技术培训，提升现场操作人员责任意识，对每一处细部控制要做到责任到人。

（3）严格按照规范规定编制施工方案并进行技术交底，在直埋电缆的直线段每隔 50～100m 处、电缆接头处、转弯处、进入建筑物处等，设置明显的方位标志或标桩。

（4）电缆终端相色标示应在电缆头制作时、电缆交接试验时进行核对。

（5）严格杜绝交流单芯电力电缆周围铁磁构件形成闭合磁路。宜采用铝合金制品或大分子材料。

（6）应加强铠装接地方式的技术交底，严格按照图纸设计施工。

（7）电缆终端和接头采用合格产品制作，安装固定牢固，加强支撑及防护。

（8）防火封堵材料应先报审各类检测报告，审查通过后才能在现场使用。

（9）电缆中间接头应按要求做好防爆隔离措施，并形成书面记录。

三、质量风险预控要点

（1）电缆井积水坑应按照设计要求施工，上盖金属箅子。

（2）电缆与坚硬物体卡碰的部位应装设柔性衬垫加以隔离。

（3）应统一电缆标志牌的形式及内容，敷设前将电缆牌制作好，每根电缆敷设后及时在穿越墙壁处、转弯处等部位悬挂标志牌。应按照规范及设计要求装设标志桩，标志桩的形式及内容应完整、一致。

（4）直埋电缆应敷设于壕沟里，并应沿电缆全长的上、下紧邻侧铺以厚度不少于 100mm 的软土和砂层；沿电缆全长应覆盖宽度不小于电缆两侧各 50mm 的保护板，保护板宜采用混凝土。软土或砂子中不应有石块或其他硬质杂物。

（5）电缆终端上设置明显的相色标志，且应与系统的相位一致。

（6）设计单位、施工单位严格执行 GB 50217《电力工程电缆设计规范》、GB 50168《电气装置安装工程电缆线路施工及验收规范》等规范规定，交流单芯电缆以单根穿管时，不得采用未分隔磁路的钢管。

（7）交流单芯电力电缆的刚性固定，宜采用铝合金等不构成磁性闭合回路的夹具；其他固定方式，可采用尼龙扎带或绳索。

（8）利用电缆保护钢管作接地线时，应先焊好接地线，再敷设电缆。有螺纹连接的电缆管，管接头处应焊接跳线，跳线截面应不小于 $30mm^2$。

（9）电缆线路沟道内金属支架全长均应有良好的接地，按规范规定对每个金属支架做好逐个接地。

（10）电缆防火封堵按照标准规范的规定以及施工图的设计形式及部位进行施工，使用性能符合设计要求的、具备相应资质机构出具检测报告的电缆防火封堵、阻燃材料，严格按照设计要求进行封堵和阻燃隔断施工并经质量验收合格。

（11）规范工程施工记录填写，明确记录填写责任，严格由工程现场质检员进行施工记录填报并确保数据真实、可靠，严禁资料员代填。